图解世界
科学史

我们之所以被定义为人类，是因为我们拥有好奇的能力。在我们存在于地球上的短暂历史中，我们总是对头顶上的广袤苍穹充满了疑问

An Illustrated History of Science

From Agriculture to Artificial Intelligence

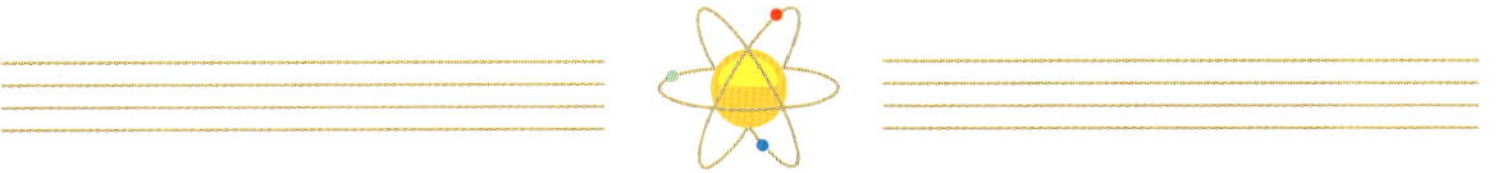

图解世界科学史

从农业到人工智能

(英) 玛丽 · 克鲁斯　著
百舜　译

中原出版传媒集团
中原传媒股份公司

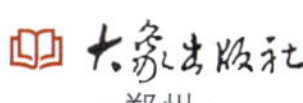

· 郑州 ·

图书在版编目(CIP)数据

图解世界科学史：从农业到人工智能 /（英）玛丽·克鲁斯著；百舜译. — 郑州：大象出版社，2023. 5

ISBN 978-7-5711-1684-2

Ⅰ. ①图… Ⅱ. ①玛… ②百… Ⅲ. ①科学史-世界-普及读物 Ⅳ. ①G3-49

中国版本图书馆 CIP 数据核字(2022)第 234254 号

国审字(2023)第 00382 字

豫著许可备字-2022-A-0085

TUJIE SHIJIE KEXUE SHI

图解世界科学史

——从农业到人工智能

玛丽·克鲁斯(Mary Cruse) **著**

百 舜 译

出 版 人 汪林中

策划编辑 徐淯琪

责任编辑 徐淯琪

责任校对 牛志远

内文设计 付锬锬

封面设计 王莉娟

出版发行 大象出版社(郑州市郑东新区祥盛街 27 号 邮政编码 450016)

发行科 0371-63863551 总编室 0371-65597936

网 址 www. daxiang. cn

印 刷 河南新华印刷集团有限公司

经 销 各地新华书店经销

开 本 890 mm×1240 mm 1/16

印 张 16. 25

字 数 412 千字

版 次 2023 年 5 月第 1 版 2023 年 5 月第 1 次印刷

定 价 159. 00 元

若发现印、装质量问题，影响阅读，请与承印厂联系调换。

印厂地址 郑州市经五路 12 号

邮政编码 450002 电话 0371-65957865

目 录

绪 言

让我们从一个简单的问题开始：什么是科学史？

好吧，事实证明，这根本就不是一个简单的问题。用最基本的术语来说，科学史就是关于人类如何随着时间的推移而创造科学理论、学科和知识的研究。而毫无疑问，科学是什么——人类在更广阔的背景下对其用途的理解——也随着时间的推移而改变。在过去的几个世纪里，我们关于什么构成了“科学”的概念已经得到了发展；从古代的自然哲学家、中世纪的炼金术士到文艺复兴时期的学者、启蒙运动时期的改革者，我们走过漫漫长路才形成了如今公认的科学和科学家的现代概念。

既然科学不是一个固定的概念，那么毫不意外，我们也很难确定科学史的概念。科学哲学家托马斯·库恩在其于 1962 年出版的开创性著作《科学革命的结构》中建立了一种理论，即科学的发展是一系列的范式（paradigm）转移。在库恩的模型下，科学史是“常规科学”与“非常规科学”相互交替的过程。例如，量子力学在 20 世纪初打败了牛顿力学。凭借这个概念，库恩推翻了传统的观点，即科学史是一个稳定积累的进步过程。实际上，科学史是一个充斥着各种错误理论和长期停滞的混乱过程。

我们知道，和其力求解析的问题一样，科学本就错综复杂而又包罗万象。为了理解科学的意义，我们将按照时间的顺序，通过具体的学科来看待知识创造的过程。但就广义上的科学史来说，我们对大部分故事都进行了必要的省略。

在探索科学史时，我们做了诸多考虑，如主题的不可捉摸、故事的波澜壮阔等。但最重要的也许是，我们必须承认科学史并不是一个静态的产物，而是在一直不断地改变和进化。如果这本书是在几十年前写的，可能会让现在的人觉得难以理解，因此，我们确实会寻求一些方法，让未来的科学史学家可以回顾我们正在经历的时代。

最后，在科学研究的时间长河中，我们生活的时代只是其中的一个节点而已。在阅读本书的过程中，你也将参与其中，因为每天我们都在创造历史。借用伟大的美国作家威廉·福克纳的名言：“过去从未消亡，甚至从未逝去。”

所以，故事仍在继续。

前 言

我们能体验到的最美好的事物就是神秘。它是所有真正的艺术和科学的来源。

——物理学家阿尔伯特·爱因斯坦（1879—1955）

我们的故事从一声巨响开始。起初，整个宇宙挤作一团，形成一个炽热的高密度奇点，比针头还要小上许多。但在一瞬间，宇宙发生了大爆炸，向外无限扩张开来。随着宇宙的不断生长，各种恒星相继出现却又陨灭，不同星系逐渐产生，太阳系最终从宇宙的一团混沌中孕育而出。于是，我们在宇宙中拥有了一个属于自己的小角落。

这才是我们的故事真正开始的地方。在银河系中一颗蓝色的小星球上，一连串错综复杂的化学现象以一种恰如其分的顺序发生，创造了一个奇迹：生命。几十亿年很快过去，生物从一个种族变为两个种族。随后，一系列动物出现，并且长得越来越像你在镜子中看到的样子——从能人到直立人，最后到 30 万年前出现的智人。

身为智人，我们名副其实。我们之所以被定义为智人，是因为我们拥有好奇的能力。在我们存在于地球上的短暂历史中，我们总是对头顶上浩瀚无垠的黑暗充满了疑问。

人类天生好奇。好奇是我们代代相传的遗产。提出问题的冲动已植根于我们的 DNA 中，而 30 万年以来，我们也一直都在寻找答案。美国伟大的天文学家和科学传播者卡尔·萨根有句名言：“我们都是由恒星物质组成的，因为原子不仅组成了人类的大脑，还组成了各种恒星。”所以，从某种意义上讲，人类的大脑是宇宙了解自我的尝试，而科学则是人类了解宇宙的尝试。

科学史是人类努力的历史，它证明了我们求知的意志和从众多未知中发现真相和意义的决心。当然，这历史绝非一帆风顺，有飞速的发展，也有戛然的停滞，更有沉默的时期、错误的转折和无数的矛盾。但在这整个旅程中，智者已慢慢解开了困扰着我们的巨大谜团。

在我们的故事的早期，我们通过在洞穴的墙上画出所见来了解宇宙；现在，我们通过拼接基因组、向火星发射探测车和用大型对撞机粉碎粒子来了解宇宙。但我们仍未找到所有的答案，也未探索所有的未知。然而，在整个科学史中，始终存在一条共同的主线，那就是：我们对世界的所有认知皆源自人类好奇的能力。

你也是这个故事的一部分，因为你也有这种可以驱动科学进步的好奇。好奇的天性使我们成为人类，也使我们——所有人——成为科学家。所以，在你钻研科学史之前，请记住：故事还未结束，它将由所有人继续，当然也包括你。

第一部分

远古时期

公元前 3000 年—5 世纪

提起科学，我们往往会想到一些熟悉的画面：充满科技感的机器、复杂的实验设备和穿着实验服的人们。但科学的存在远早于此。事实上，可以说，人类致力于各种形式的科学研究已经几千年了。

如果我们把科学理解为意味着追求基于证据的知识，那么显然，人文和科学都可以追溯到有历史记录之前。所以，让我们回望一下文明的初期和前期。当时，盛行的并非我们所谓的科学，而是信仰体系。

早期文明认为，在宇宙中，神明主宰了所有事件的发生，又或者精神和能量控制了自然界。那时的人们或许没能找到科学的方法，但仍对周围的世界充满着好奇，并建立了各种关于事物运作方式的理论。那么，我们现在所理解的"科学"的最初版本是怎样的呢？在支撑着人类进步的重要发展和转变中，科学方法起到了怎样的作用呢？

我们已经提到，只要人类存在，我们就会提出问题。现在，让我们来看看我们是如何开始使用科学来寻找答案的。

远古时期始于公元前 3200 年书写的出现，终于公元 476 年西罗马帝国的陨落。我们倾向于把这个时期的科学和古希腊联系起来，但它其实是一种全球性努力的结果。从印度到埃及再到中美洲，远古时期见证了不同种族的人们在不同的地点以不同的方式取得的科学进步。早期的科学家们，无论是古希腊的哲学家还是古印度的医学工作者，都有一个共同点，那就是他们都渴望发现自然的规律。也就是大约在这个时候，首批科学家们开始寻找永恒规律和结构，以解释他们观察到的现象。这并不是我们现在所想象的科学。虽然原始科学思想经常（却不总是）与宗教和神秘主义互相夹杂，但这种思考方式也的确代表了一个重大转变，即从仅使用观察和逻辑来完成实践目标到为了知识而追求知识。人们不再只满足于观察和探索自然环境和物理现象，还想要了解其中的奥秘。他们对世界了解得越深，就越能巧妙地应对周围的环境，从而造就更强大的文明。科学是关于人类文明的故事的基础，从一开始就是。

左图　一颗小行星划过夜空坠入地球。从古代开始，人类就仰望天空，试图解开生命的谜团

第一章　数学

哪里有数字，哪里就有美。

——古希腊哲学家普罗克洛斯·狄奥多库斯

数学是关于数字、数量、测量和形状的科学，有别于生物学或物理学。数学没有使用基于观察、理论和证据的科学方法，而是完全基于逻辑。所以，它的发现是抽象的，并不依赖于物理世界。数学虽然有别于其他科学，但却是科学研究的基础。从微生物学家到天体物理学家，不同领域的科学家们都把数学当成一种探索世界的工具。数学支撑并增强了世界各地的文明。

从在美索不达米亚和埃及作为一种工具起源到在古希腊发展成为一门成熟的科学学科，数学史是一部冗长而复杂的历史，但却对我们的日常生活有着显著的影响。提起数学，我们最开始想到的可能是分数和长除法，但它却不仅限于此。数学在帮助研究人员更好地了解我们周围的世界的同时，还参与到大量的创新中，从建筑到飞机再到机器人，随处可见数学的身影。没有古代人类的聪明才智，就没有这些成就。在几千年前，他们就将想象中的数学变成了真实的存在。

约公元前 3000 年
苏美尔人开始运用几何和乘法

约公元前 3—前 2 世纪
阿基米德用数学算法算出圆周率的近似值

距今 5000 年

约公元前 6 世纪
毕达哥拉斯学派创立

约公元前 3 世纪
欧几里得整理和分享数学的基本规则

2200 年

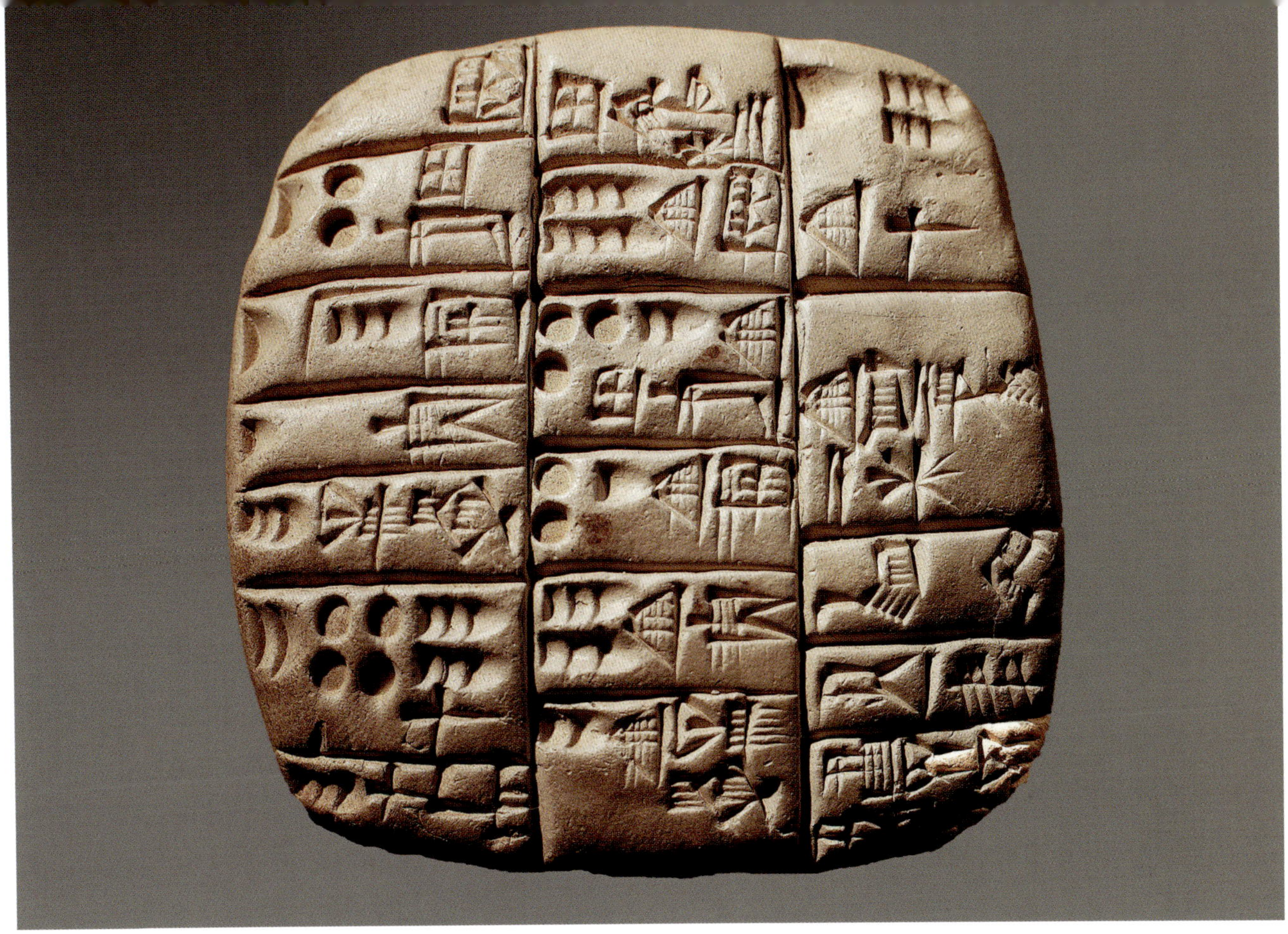

古代数学

如今，数学已经成为一门研究学科。回顾它的诞生，不难发现其中具有必然性。第一个书面证据来自美索不达米亚（大部分位于现在的伊拉克境内）的苏美尔人。这个文明大约存在于公元前4500—前1900年。那个时候，人们用数学这种工具来支撑他们新兴的农业社会。大约公元前3000年，苏美尔人开始使用几何和乘法，并把他们的运算刻进湿黏土。无论是在收成征税还是在地块衡量方面，数学都帮助苏美尔人实现了对材料的量化和整理。

上图　约公元前2300年苏美尔人的楔形文字碑，其上记录了商业事务。楔形文字并不是一种语言而是一种字符系统，用以记录文字、音节、符号和早期的数字

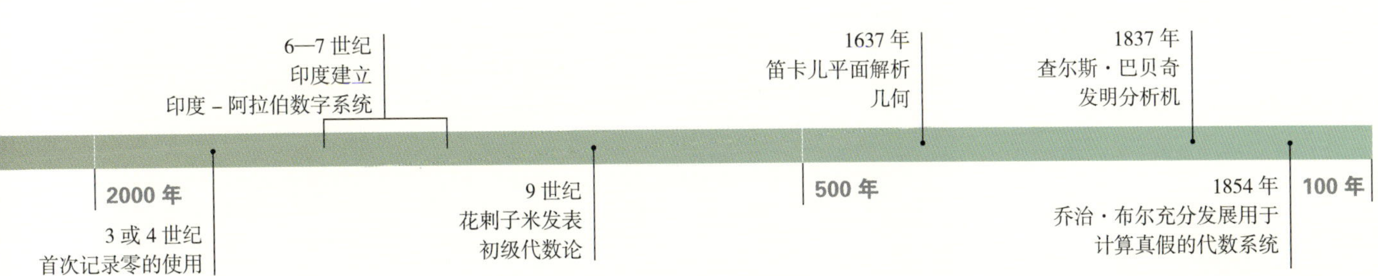

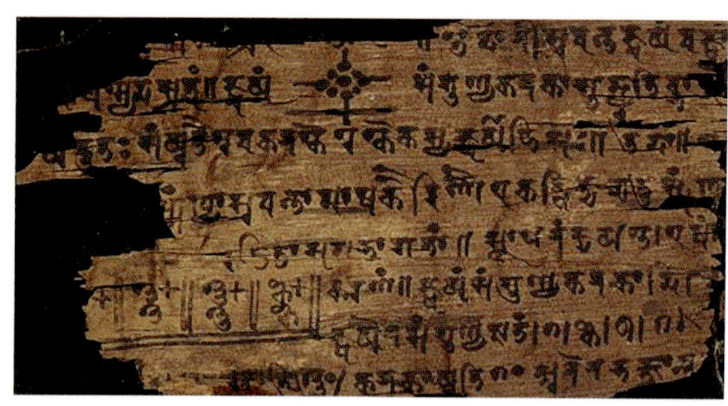

上图 巴克沙利稿本是关于零这一符号的使用的最古老记录。据说，它写于 3 或 4 世纪的印度

你知道吗?

苏美尔文明、玛雅文明和印度文明都各自创造了“零”的概念。

在后来的美索不达米亚文明中，巴比伦人进一步发展了数学。他们首次设计了按位记数系统，即用数字的位置来表示其意义。时至今日，我们仍在使用这个系统：单独的数字 5 就只表示 5；如果它在另外一个数字的前面，那么它就表示 50；如果它在两个数字的前面，那么它就表示 500。巴比伦人还用这种复杂的数学知识绘制了星体图来估算月食和行星周期，并创造了属于自己的 12 个月份的日历。日历不仅帮助他们更好地掌握了农作季节，还促进了宗教活动和节日的发展。

古埃及人对数学的掌握虽然不如巴比伦人那般精通，但也留下了属于自己的历史印记。

这个区域的数学活动主要来自抄写员，即少数经过了阅读和写字训练的年轻古埃及人。

抄写员是那个时代的公务员，从事会计、笔记和信件写作，以及许多其他需要数学知识的行政活动。抄写员用象形文字来代表数字，并采用基于数字 10 的十进制格式。然而，古埃及人没有位置记数法，这意味着他们不得不单独计算每个数字。例如，如果他们想要表示 600，那他们就得画 6 次代表 100 的符号。这种方法虽然既费力又低效，但又的确给多位数的计算提供了一个统一的系统。古埃及的数学系统很可能影响了古希腊人，如泰勒斯和柏拉图——他们把这些数学理论从古埃及带回了古希腊。这一行动产生的影响巨大，以至于古希腊人以前所未有的方式接受了数学科学。

你知道吗?

巴比伦人很可能发明了算盘这种古老的计算工具。现在的算盘大多都是通过在框架里拨动木棒上的算珠来进行计算，但即使简陋如斯，算盘也在过去的几个世纪里在不同的文化中经历了各种演变。

虽然古希腊人远谈不上是首批探索数学概念的思想家，但他们却让数学成为一门独立的学科。“数学”（mathematics）一词也是由古希腊人发明的，取自希

下图 算盘发明于公元前 2700—前 2300 年

腊语 mathema，表示“学到的东西”。这些思想家关心的是数学的概念，而不是数学的用途。他们提出了“定理”的概念：逻辑公式代表的数学规律（如 $a^2+b^2=c^2$）永远都是对的。通过证明数学法则真实存在，古希腊人将数学确立为一个单独的研究领域和了解世界的一种方式。

毕达哥拉斯及其追随者是公元前 6 世纪首批全身心接受数学的哲学家。据说，毕达哥拉斯学派的箴言就是：“万物皆数。”他们将数看作先于事物并独立于事物的世界本原，认为数既重要又神圣。他们甚至赋予某些数字宗教的意义和特别的信仰。例如，据说，当毕达哥拉斯学派组织集会时，每个团体的人数从来不会超过 10，因为在他们看来，10 是一个完美的数字。虽然有这样的怪癖，但毕达哥拉斯学派还是对数学做出了自己独一无二的贡献，包括毕达哥拉斯定理：$a^2+b^2=c^2$。这个公式可用于在已知三角形两条边的边长的情况下算出第三条边的边长。

下图　《莱茵德纸草书》是最广为人知的古埃及数学的实例之一

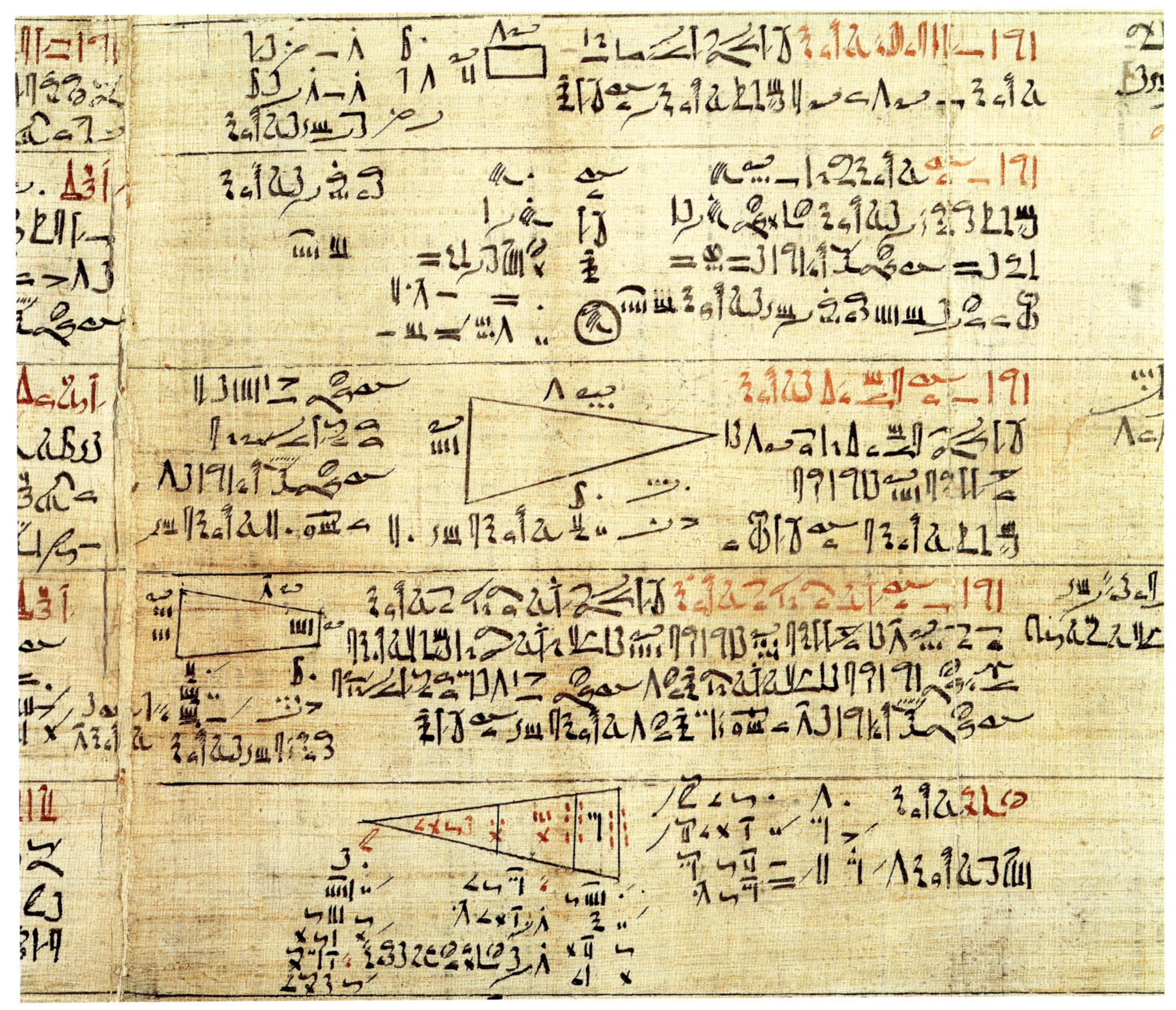

公元前3世纪初，数学已经成为古希腊的中心研究领域。大约在同一时期，伟大的数学家欧几里得出版了他的开创性著作《几何原本》。这一丛书总结了前人的成果，列举了当时人们所理解的基本数学规则。虽然这些规则早已广为人知，但欧几里得却是第一个对此进行整理并分享的人。这一著作对后来数学和科学发展的影响非常巨大。

然而，“有史以来最伟大的数学家”的头衔却落到欧几里得的门生阿基米德的头上。阿基米德出生于公元前287年左右，因其渊博的几何和力学知识而闻名。

终其一生，阿基米德都在证明计算各种形状的面积和体积的理论方法，算出圆周率的近似值，并建立阿基米德定律。在几千年以后的今天，我们仍然认同古希腊人对数学做出了杰出的贡献。数学之所以能作为一个学术学科而存在，离不开这个文明对数字的痴迷。

左图　古希腊哲学家毕达哥拉斯（约前569—前475）的半身像

>> 圆周率是圆的周长和直径之间的比率。不管圆的大小如何，圆周率始终不变，即 3.14159265……起初，圆周率并不叫 Pi，直到 18 世纪，威尔士数学家威廉·琼斯才以希腊字母表中的字母 P 对其命名。他之所以选择 P，是因为它是周长“perimeter”一词的首字母。<<

上图　数学家、物理学家、工程师、发明家和天文学家阿基米德（约前 287—前 212）的肖像

他出生于西西里的叙拉古（一个商业、艺术和科学中心）。他到访埃及是为了在以浓郁的学术氛围而闻名的城市——亚历山大——学习

名人录——希帕蒂亚

希帕蒂亚是天文学家、数学家和哲学家，约于4世纪下半叶出生于亚历山大城。作为那个时代最有成就的学者之一，希帕蒂亚在古罗马备受尊敬。她的主要贡献在于出版了很多关于几何和算术的评注，并在亚历山大发生政治和宗教动乱时保护了前辈科学家（如博学家托勒玫和数学家欧几里得）的伟大著作。亚历山大的罗马总督因希帕蒂亚的睿智，任命她为顾问。

不幸的是，她陷入了亚历山大城总督和主教的权力斗争之中，最终被暴徒残忍杀害。希帕蒂亚的惨死激起了民愤，人们都尊称其为“哲学的殉道者”。

时至今日，关于她的死，仍有各种各样的版本，但始终不变的是她仍被公认为那个时代的伟大思想家之一，以及饱受压迫和充满狂热的科学和启蒙的象征。

下图　希帕蒂亚于415年被谋杀在亚历山大城

上图　塞戈维亚的罗马渡槽，建于约 50 年图拉真皇帝统治时期，现在仍可用于城市供水

现代数学之路

古代人类在数学上取得的进步只是这个广阔学术领域中的一小部分。古罗马人征服古希腊后，数学的发展开始放缓。虽然古罗马人是出色的工程师，能够使用数学来帮助其研制不同寻常的机器和基础设施，但这个学科得以繁荣却是在伊斯兰世界。

中世纪，伊斯兰数学的发展得益于古印度学者们的努力。6 世纪初，古印度人开始使用十进制，并随之建立了印度－阿拉伯数字系统。此外，伊斯兰数学家们也深受古希腊数学研究的影响，翻译并保存了古典的数学文献，也做出了属于自己的重大贡献。

波斯学者花刺子米是最高产的伊斯兰数学家之一，也是一位受人尊敬的思想家。他于 780 年左右出生在花刺子模（今属乌兹别克斯坦），后居住在巴格达，并就职于著名的“智慧院”（详见第 54 页）。他写了一本关于代数的书——《代数学》，并在其初等代数论中命名了这个学科，以至于后来他的名字（Al-Khwarizmi）也成为 algorithm（算法）一词的基础。经过努力，花刺子米不仅丰富了世界上的数学词汇，而且还将印度－阿拉伯数字系统和算术推广到了欧洲。

印度－阿拉伯数字系统

6—7 世纪，古印度数学家们建立了印度－阿拉伯数字系统。时至今日，世界上的大多数地方仍在使用这个系统。它运用 10 个不同的数字以进行快速计算，并用数字的位置来表示其意义。古印度数学家的这个设计有别于以前的计算系统，并改变了数学。

印度－阿拉伯数字系统经由伊斯兰世界传播至欧洲。随着中东数学家花剌子米和阿布·优素福·阿尔－金迪的著作在 12 世纪前后到达欧洲学者的手中，这个革命性的数字系统便开始风靡全球。印度－阿拉伯数字系统的多功能性使其不仅成了科学的一个有力工具，还成了后古典时代科学研究的基石。虽然我们现在可能早已对这个数字系统习以为常，但它的出现绝非偶然。我们现在熟知的数字都是古代学者们在过去几个世纪里不断努力和思考的结果。

事实上，花剌子米可以说是数学史上最具有影响力的人物之一。他把数学知识应用到了其他领域，如地理学和天文学，并促进了伊斯兰世界和其他地区科学知识的进步。在后古典时代，伊斯兰数学家们成为这个领域最重要的思想家。15 世纪，数学研究的中心开始向欧洲转移，在后来的几个世纪里数学继续繁荣发展。

欧洲正处在文艺复兴时期，从各大院校到商贸办公室，数学得到了广泛的研究，甚至是艺术家工作室都使用数学来增加绘画的透视层和对称性。这个领域很快横扫了 16 世纪和 17 世纪的科学改革，因为随着关于科学和科学思维的现代理论的发展，科学已经成了一门独立的学科。这个时期见证了欧洲数学成果和成就的不断迸发。数学理论不仅帮助思想家，如伽利略·伽利雷和约翰尼斯·开普勒发展了天文科学，还让艾萨克·牛顿推导出了物理定律。

法国博学家笛卡儿被公认为 17 世纪最重要的数学思想家之一。通过在其著作中发展一种新型几何，即“笛卡儿几何”，笛卡儿把代数和几何领域联结了起来。据说，笛卡儿还提出，可在代数方程中使用“x”来代表未知量。18 世纪，瑞士数学家和物理学家莱昂哈德·欧拉成为那个年代最多产的数学家之一。他出版的著作涵盖数学的各个分支，如代数、几何、微积分和三角学。凭借其在抽象数学概念方面所做出的贡献，欧拉促进了纯数学这个新兴领域的发展。

19 世纪，我们发现了数学将在现代世界扮演重要角色的早期迹象。19 世纪 30 年代，英国博学家查尔斯·巴贝奇发明了他的“分析机”。它是现代计算机的先驱，能够在一个记忆单元中进行数字计算和储存。19 世纪中叶，英国数学家乔治·布尔发明了一个代数系统。它可以处理真假命题，并解决逻辑问题。“布尔代数”后来成为现代计算机科学的基础。与此同时，许多数学学派如雨后春笋般在世界各地涌现，从英国到意大利再到美国随处可见。19 世纪末，数学被确立为一个单独的学科，与物理科学完全区分开来。

左图　波斯学者花剌子米（约 780—850）

>> 纯数学是关于数学概念的抽象科学，与运用数学截然相反。后者专注于数学的实际运用。<<

20—21世纪，数学从深度上和广度上都得到了持续的发展，并最终成为前沿研究的一块基石。数学模型和技术被运用于各种领域，从理论物理到药物设计，数学已经成为现代实验中数据收集和分析的一个核心元素。和其他科学不同的是，数学以一种前所未有的方式更加贴近于我们的日常生活，并随着计算机技术的崛起，逐步涉及我们生活的方方面面，数学由此成为最重要的现代学科之一。

在其创立之后的几个世纪里，数学发展了创新性基础设施和机器，支持了科学和研究的发展，并让思想家对数字及其塑造世界的方式有了更深入的了解。从几千年前首批数学概念的提出到现在，事实一直如此。从我们赖以生存的技术和工程到医学进步和太空探索，现代的许多创造和发明都来自数学和不同时代数学家们的努力。

你知道吗?

20世纪初，德国数学家希尔伯特整理了23个未解的数学问题。希尔伯特问题被认为是那个时代最大的数学难题，也是未来数代数学家面临的挑战。在这些问题里，10个得到了解答，7个得到了部分解答，4个因太不明确而无法得到完全解答，还有2个仍未得到解答。

下图　查尔斯·巴贝奇设计的分析机

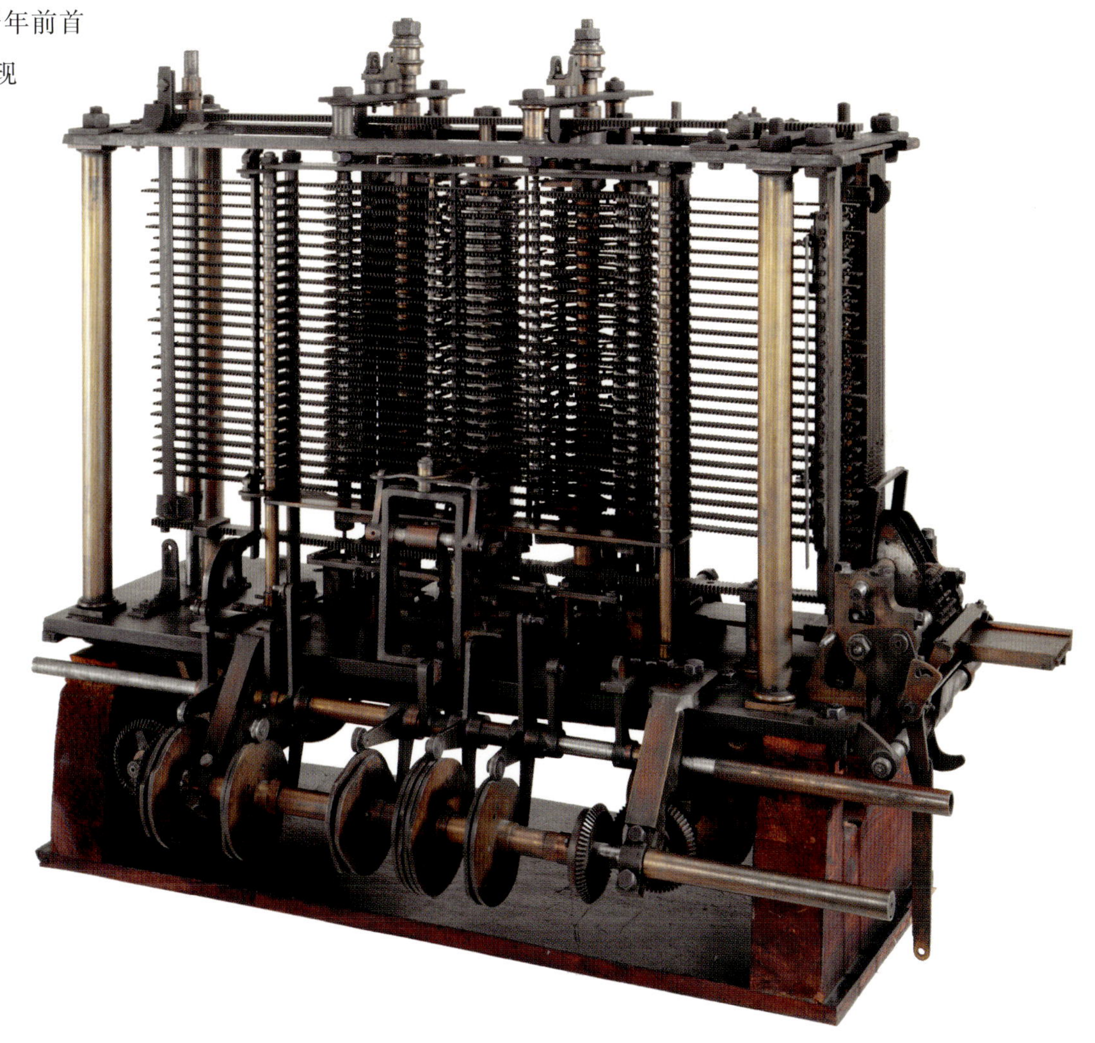

左图　笛卡儿（桌边靠右）正在瑞典皇家法院教学

第二章 医学

医学是最高贵的艺术。

——古希腊医生希波克拉底

医学是关于疾病诊断、治疗和预防的科学和实践。虽然当代医学比以往任何时候都要先进，但医学领域也与许多不同的科学领域密不可分。在接下来的章节里，我们将探索医学研究的现代分支，如遗传学、药理学和微生物学。但在本章中，我们将简要概述医学领域在古代文化中及之后的发展历程。

从古希腊到中国，从古印度到古罗马，医学深深植根于世界各地的古代文明，并发展出各种分支。但是，这里所说的医学并不是我们现在所谓的医学——古代的医学治疗和现在的治疗很不相同。在早期文明里，民间风俗和巫术影响较大，因此，它们与疾病的治疗紧密相关。而且，由于缺乏科学工具和方法，许多关于身体及疾病反应的知识都以观察为基础，并经历了各种试验和失误。

尽管如此，古人仍有很多种保持健康的方法，而且在他们实践过的疗法中，有些确实具

距今 4000 年

约公元前 2000 年
《吠陀本集》（含有医疗信息的印度最古老的宗教文献和文学作品）问世

约公元前 1700 年
巴比伦竖起刻有医学法律的石碑《汉谟拉比法典》

约公元前 1600 年
古埃及人创作埃德温·史密斯纸草文稿

约公元前 5 世纪
希波克拉底提倡合理用药并摒弃神学影响

约公元前 300 年
扁鹊做外科手术时对病人实施全身麻醉

有治疗价值。最终，医学发展早期出现的那些理念塑造了现在的医疗实践。从西方文化中代表着医学的蛇绕权杖到对希波克拉底誓言的持久崇拜，时至今日，我们仍能看见并感受到医学起源的影响。这就是医学在不同的早期文明里以不同的方式发展的故事，也是人类更好地了解自己的身体，以及健康和生存所需条件的故事。

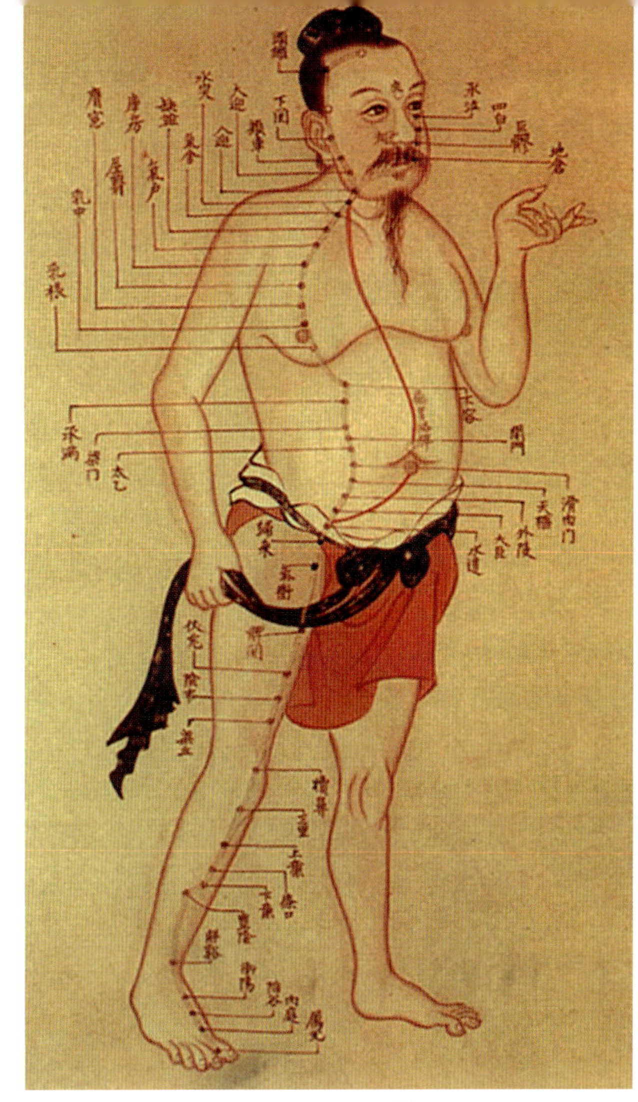

上图　中医疗法针灸中的经络穴位图

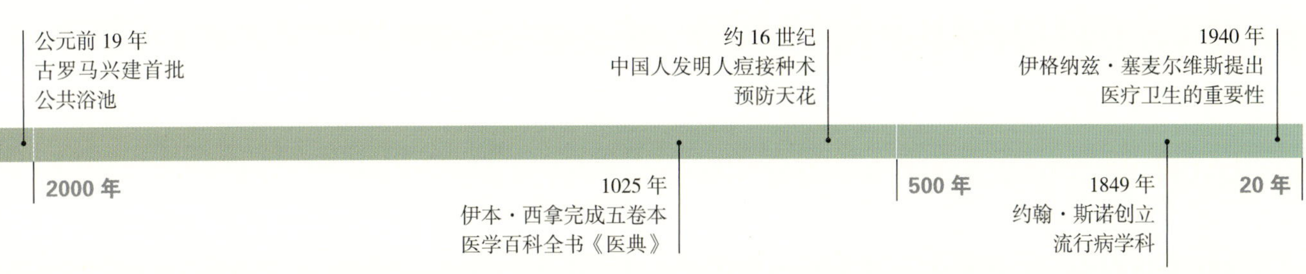

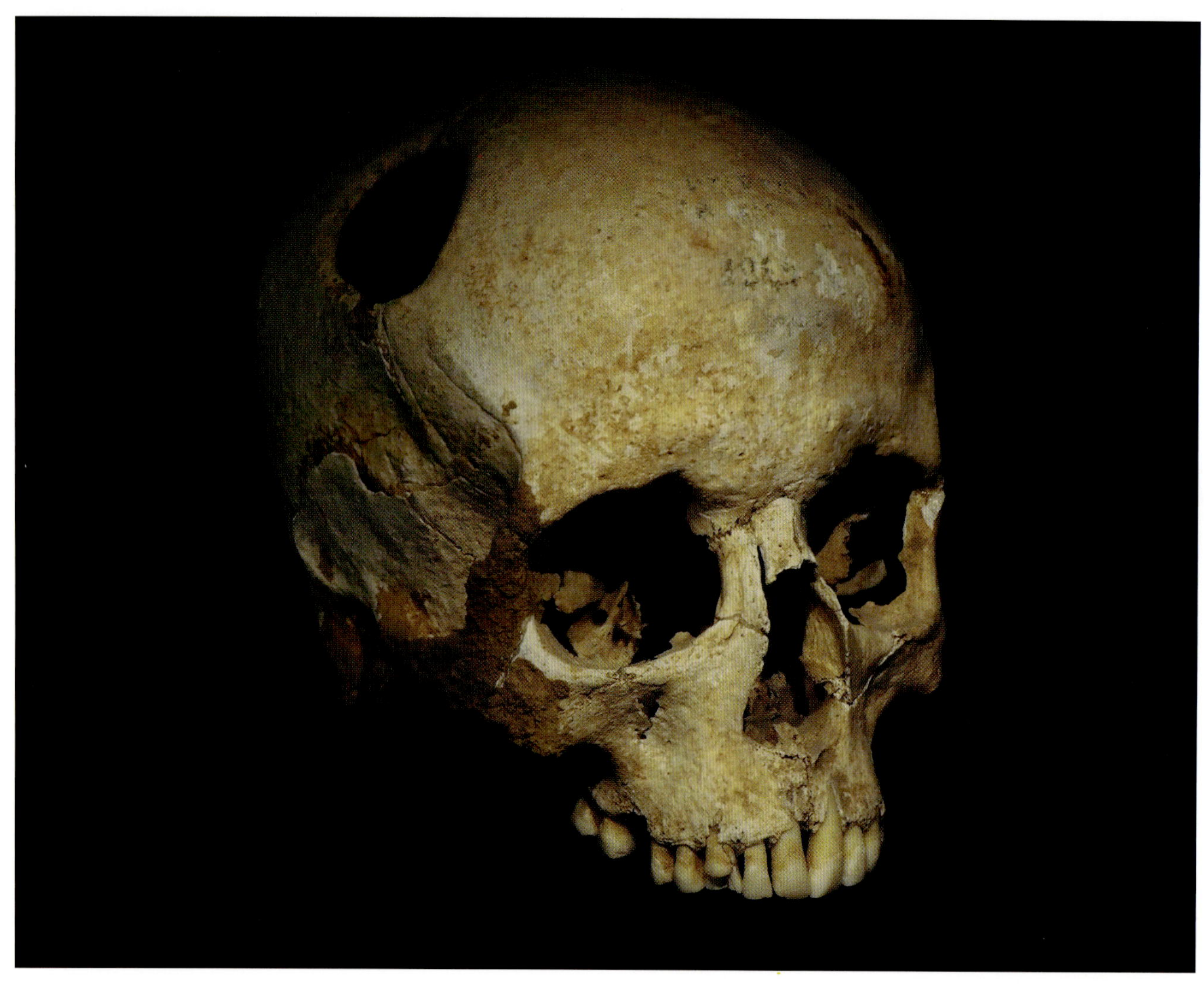

古代医学

考古学证据表明，人类早在石器时代就已经开始医学实践。那个时代的人类遗骸显示，裂骨得以续接，伤口也得以缝合和治愈。考古学发现还表明，那时的人类也已经开始实施环锯术。这种手术的死亡率往往很高，因为它是要在头骨上钻孔。

在很多年里，古代人类都是通过口头的形式将治病的医学知识代代相传。公元前 3500 年，书写在美索不达米亚出现，这让医学工作者第一次能够把自己的知识记录下来。一块可以追溯到公元前 18 世纪的巴比伦石碑上就刻有法律案例，记录了医生的报酬和治疗不当的后果。其中就有，如果病人死亡，那么要砍断医生的双手。

古埃及是最早建设我们可以将其视为医疗护理的地点之一。古埃及人因为其先进的医学知识而闻名。他们是外科手术和牙科学的先驱，甚至还提出了养成良好饮食习惯和注意食物营养的重要性。

上图　接受过环锯术的古老头骨

虽然古埃及人的很多医学理论都很先进，但巫术和神秘主义仍是他们大部分治疗和信念的基础。医生也和巫师一样，会通过符咒和咒语来祈求神明的帮助，以治愈病人。尽管如此，古埃及人仍以其健康的身体和医学上的先进文明而闻名，而且，他们发展的临床实践对希腊和罗马的医学前景有重要影响。

下图　描述眼科疗法的古埃及莎草纸

埃德温·史密斯纸草文稿

19世纪，有人发现了写在莎草纸上的一系列医学文献，这是我们开始了解古埃及医学的原因之一。这些文献涵盖了从解剖学到妇科的各种医学观察和建议。其中，埃德温·史密斯纸草文稿是古代关于创伤的外科治疗手册，也是世界上已知最古老的此类文献，可追溯到公元前1600年，并且被认为是某个更古老文献的复印本。1862年，一位名叫埃德温·史密斯的商人购买了这个文稿，从此，便以这位商人的名字命名了这个文稿。和那个时代的文献不同，埃德温·史密斯纸草文稿以理性的观察为基础，而不是巫术。它描述了从头部开放性创伤到嘴唇破裂共48个不同创伤的案例，并提出了正确的检查步骤、诊断、预后和可行治疗。

这个文稿显示了其作者在进行撰写时已拥有的超凡知识。在此之前，“大脑”一词从未在任何语言中出现过。在这个文稿中，作者还陈述了自己关于不同的脑部创伤对行动有不同的影响的观点，并讨论了脉搏和心脏之间的关系，以及一些内脏的工作机制。

15英尺多长的埃德温·史密斯纸草文稿不仅对古埃及及早期的外科手术治疗提出了全面的见解，而且还展示了这个文明已达到的知识深度。

下图　两页埃德温·史密斯纸草文稿，含有解剖观察和其他医学信息。这个文稿以公元前1600年古埃及的僧侣字体书写，囊括了48种医学问题的检查、诊断、治疗和预后等内容。它描述的治疗包括缝合伤口、用蜂蜜和发霉面包预防和治愈感染、用生肉止血、固定受伤的头部和脊髓

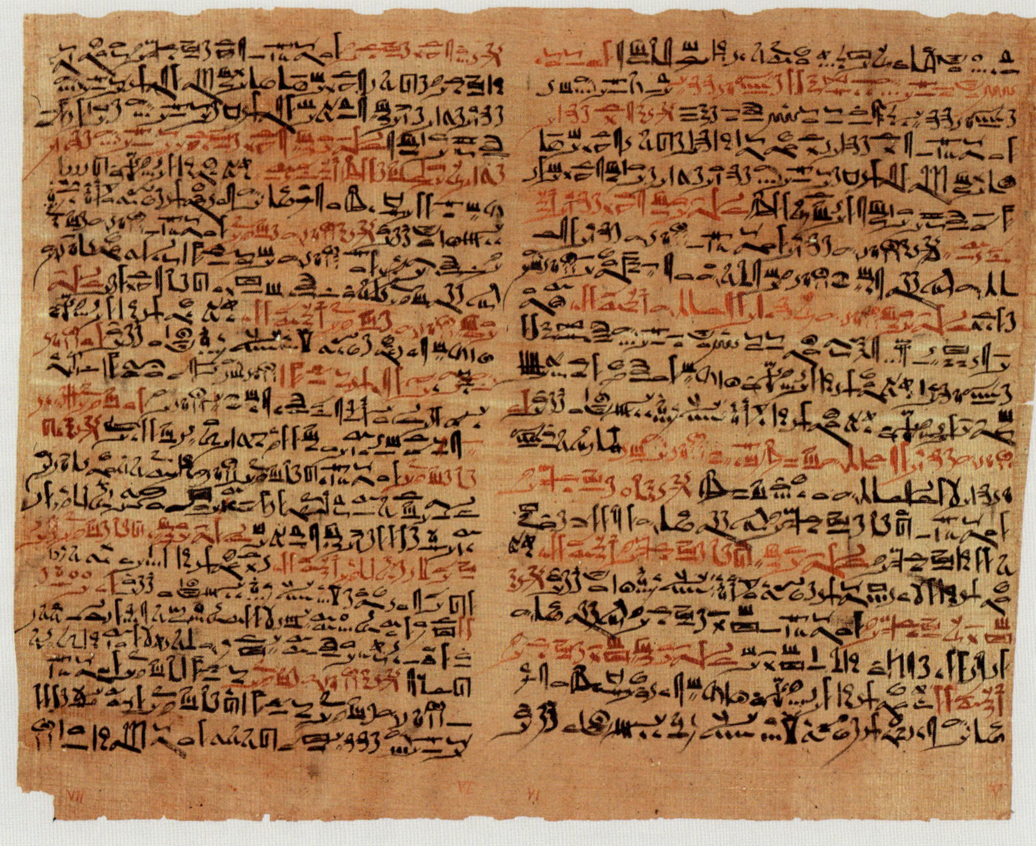

上图 《妙闻集》是已知最早以梵文书写的手稿。生活在 2000 多年前的外科医生妙闻的这本著作涉及了医学和外科手术的许多方面，包括 300 多种外科手术治疗和 120 种外科手术器械

亚洲文明在医疗护理的发展过程中也发挥了重要作用。印度早期形式的医学可追溯到几千年前。其中，起源于公元前 2000 年的神圣著作《吠陀本集》就列出了一些原则。这些古老的文献给了我们很多关于印度早期医学实践的信息，而且囊括了解剖学、医学知识和治疗等。古印度的医学工作者特别擅长外科手术，而且治疗手段特别先进。从截肢到剖腹产都非常在行，甚至某些关于整形手术的最早记录都可以追溯到这个时期。那个时候，罪犯有时会因为偷窃罪、通奸罪等犯罪行为被强制割掉鼻子作为惩罚。与此同时，古印度的外科医生学会了使用面部其他区域上的皮肤来重建鼻子，并把鼻整形术传向了世界。据说，早在公元前 2 世纪之前，古印度传统医学体系阿育吠陀中的梵文文献《印度药书》就已经出版。其中列出了人体的数百块肌肉、骨骼、关节和血管，展示了古印度的医学知识深度。古印度这种基于证据的系统性医疗方法意味着在那个时候，其医学和外科手术水平很可能比同时代的任何古文明都要先进。

>> 梵文是世界上最古老的语言之一，被认为是许多现代语言的根源。<<

中医的发展独立于西方传统，又与之平行。秉持着人类与更大的宇宙原则——秩序和平衡——紧密相关的理念，中国医生倾向于通过草药和针灸的治疗手段来解决人类的健康问题。早在公元前300年，备受尊敬的医生扁鹊就在外科手术中用麻沸散对病人实施了全身麻醉。2世纪，伟大的医生张仲景出版了他的开创性著作《伤寒杂病论》，讲述了对伤寒和发烧的治疗。

虽然几个世纪以来，古希腊人深受之前发生在世界各地的医学研究的影响，但古希腊传统却被公认为是西方医学的开端。在希腊文明的早期，疾病被视为神明的安排，所以病人都会祈求神明来治愈疾病。但早期的哲学家通过强调观察和逻辑思考，促使医学的重点从巫术向科学转移。

古希腊最著名的医生希波克拉底被认为在很大程度上促成了这种向理性医学的转变。在谈及癫痫病（在当时被认为是神明施与的“神之疾病”）时，希波克拉底说：“它并不比其他疾病神圣，它也有自然的病程。它的神化归因于人类是第一次遭遇这种疾病。每种疾病都有自己的特点和外因。”这是一场思想的变革。如果疾病是由外因造成的，那么它就能够被人为治愈，而不是依靠神明的力量。

古希腊人的医学思想非常先进，但并不完全是正确的。他们相信宇宙由四种元素组成，即土、空气、火和水；身体由四种体液组成，即痰、血、黑胆汁和黄胆汁。他们认为，这四种体液必须保持平衡人才能拥有健康的身体。

体液不平衡就会引起疾病，而治疗就是采取各种各样的方法使受影响的体液恢复如常。例如，血液平衡可以通过放血来恢复，而胆汁平衡则可以通过通便来解决。这个理论流传了约2000年，并深深地影响了早期伊斯兰和中世纪欧洲的医学。

你知道吗?

中国人发明了种痘，这是现代疫苗的先驱。种痘就是把活的病原体以可控的剂量注入病人体内，以激活免疫反应，使人体产生抗体。

上图　木版画，绘制的是医生扁鹊

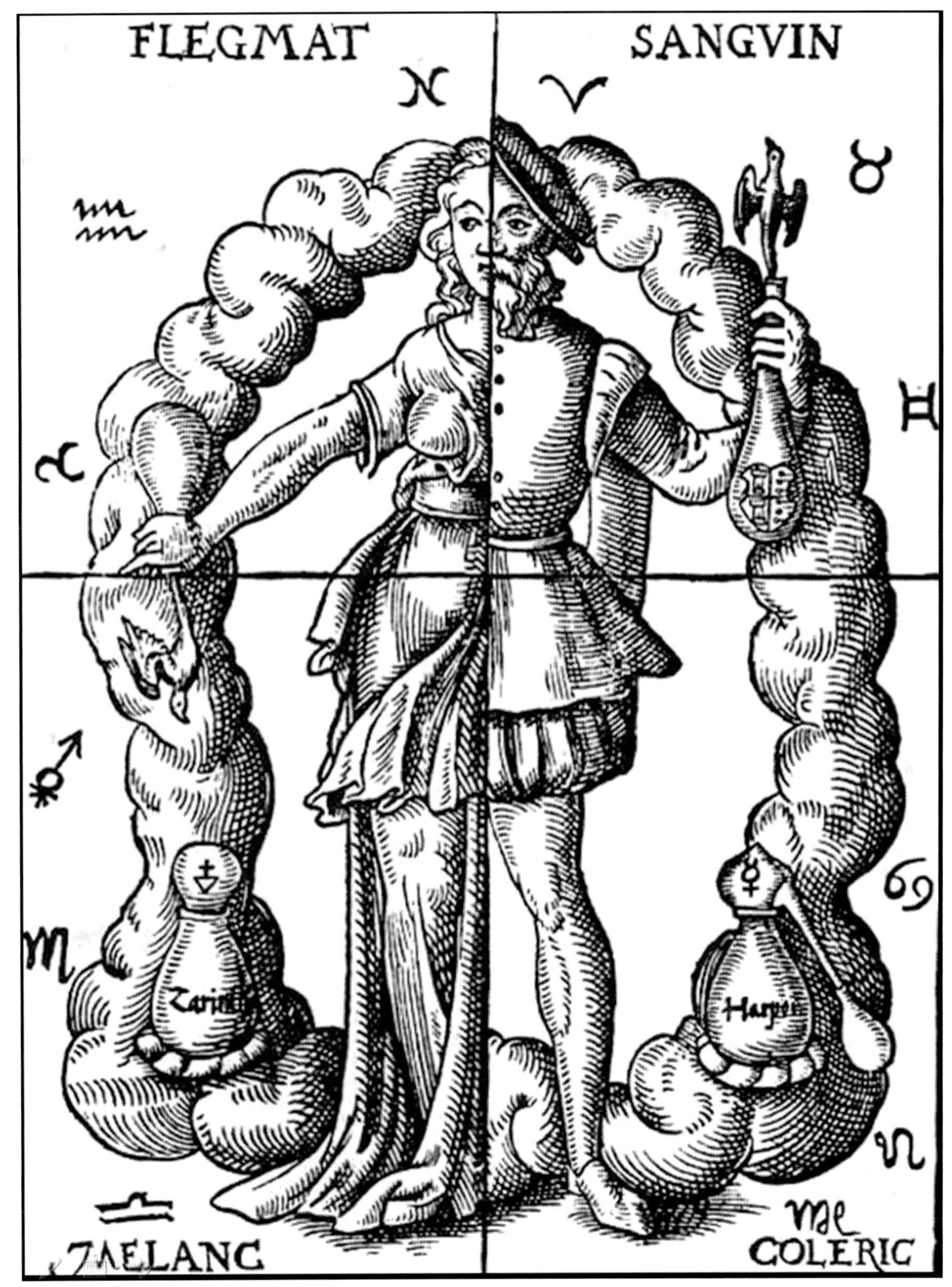

上图 对痰、血、黑胆汁和黄胆汁这四种体液的艺术性诠释

名人录——希波克拉底

希波克拉底是古希腊最受尊敬的人物之一，而且是实至名归。虽然之前也出现了其他许多思想家，但希波克拉底更加强调医学病理和观察的重要性。他坚信影响患病的是病人的个性特征、环境因素和生活方式，而不是神明，因此，人类可以治疗疾病。

我们都知道希波克拉底大约于公元前 460 年在科斯岛出生，但关于他的其他信息我们所知甚少，当代文献中即使有一星半点，也都是经过润色的，他实在是个神秘人物。死后不久，希波克拉底成为希腊医学的名誉领袖，而且随着时间的推移，有些学者甚至开始把其他学者的成就也都归功于他。虽然并不是所有普遍已知的成就都应归功于他，但希波克拉底的确对古希腊文化做出了巨大贡献，归根结底，这也是对医学的巨大贡献。

希波克拉底相信当时盛行的理论，即人的身体由四种体液构成。如今看来，这种设想很明显是错误的，但希波克拉底推荐的关于体液“失衡”的治疗，包括重视卫生饮食疗法，但不忽视药物治疗，却是有用并基于观察的。希波克拉底及其追随者还首次识别和描述了多种不同疾病，并按照急性病、慢性病、风土病和传染病进行了分类。

希波克拉底最广为人知的一点可能是他依据严格的道德规范来医治病人的专业方法和承诺。虽然他可能不是“希波克拉底誓言”的创始者（像其他许多归功于他的成就一样，这个誓言其实是由其他不知名的学者所创），但希波克拉底医学实践确实把病人的幸福放在首位，治疗方法也相对人道。因此，因其理性和系统的医学理念，希波克拉底将作为有史以来最伟大的医生之一而被永远铭记。

上图　医学学者希波克拉底的半身像

公元前146年，古希腊最终被古罗马人征服，但他们的医学发展并未就此结束。古罗马人沿用了许多古希腊的教学和实践。在此基础上，古罗马人也有许多自己的发明。古罗马对公共卫生的研究是革命性的。他们认为良好的卫生习惯极其重要，因此，那时盛行公共澡堂。古罗马也是某些最早期的医院的孕育地，这些医院最初是为了治疗战争中的现役士兵和退役士兵。古罗马人的工程技能也使他们的生活更健康：他们有渡槽供应清洁水，还有先进的污水系统改善卫生状况。古罗马人对公共卫生的投入是走在时代前沿的，几百年以后，世界各地才开始广泛建设这种基础设施。令人遗憾的是，在接下来的几个世纪里，医学发展逐渐停滞在中世纪的西方，随着知识的流失，医学与宗教又紧紧联系在了一起。

下图　已被修缮的位于萨摩赛特地区巴斯城的罗马浴场。此浴场建于75年，并于1897年和2011年重新开放

现代医学之路

尽管深受希腊 – 罗马传统的影响，但中世纪欧洲的医学研究方法与之前不同。虽然古代学者（如希波克拉底和盖仑）的医学贡献被普遍接受和承认，但医学思想的进步还是停滞了一段时间。随着照料病人的责任落到宗教人员和机构的头上，疾病的概念与以神明惩罚和灵魂治愈的说法又联系了起来。

与此同时，伊斯兰世界取得的进步则显著得多。在这里，古代的学术著作得到了很好的保护，从而避免了中世纪早期欧洲所遭受的知识流失。中世纪伊斯兰医生也对医学做出了重大的贡献，特别是在解剖学、外科手术和药物治疗等领域。伟大的阿拉伯医学家、自然科学家伊本·西拿（拉丁语为阿维森纳）直到现在仍被认为是历史上最伟大的医生之一，甚至还被称为“早期现代医学之父”。18 世纪前，他的五卷本医学百科全书《医典》一直被西方用作主要的医学教科书。

下图　13 世纪的艺术品，描绘了工作中的伊斯兰外科医生

上图　医生约翰·斯诺，摄于 1856 年

中世纪伊斯兰科学家的研究和希腊 - 罗马的医学著作影响了欧洲的学者们，并成为文艺复兴时期医学思想的中流砥柱。16—18 世纪，医学进步的速度加快，医学教育水平也得到了提高，这都是因为大学课程变得更加严谨，而学者则开始挑战古典思想，新思想和新发现后来居上。

我们现在所谓的科学医学是从 19 世纪开始发展的。在这一时间，医生对病因的理解更加深入，公共卫生干预也逐渐增强，这些都有助于普遍降低患病率。1849 年，英国医生约翰·斯诺使用统计法追踪到了伦敦霍乱暴发的根源，即一个被污染的水泵。在移除了水泵柄之后，霍乱的传播得以遏制。斯诺通常被誉为“流行病之父”，因为他是从集体而不是个体的角度去研究人群的健康和疾病情况的。

20 世纪和 21 世纪，医学继续发展，世界上大部分地区的死亡率也开始下降。20 世纪初，抗生素的发明和新疫苗技术的发展更是挽救了无数生命，也在世界范围内延长了与人类的平均寿命。除了改善药物，现代科学还确认了与人类健康有关的要素，如荷尔蒙、维生素、遗传学和生活方式，这些在以前都是不为人知的。对于人类健康和医学的研究仍在继续，遗传学、技术和微生物学的进步有望在未来几年带来革命性的医学进步。

>> 放血疗法虽然发明于古希腊和古罗马时期，但直到19世纪才被视为一种常见的伪科学治疗。它通过抽取病人体内的血液来恢复“平衡”。<<

医学并不是凭空冒出来的，自文明伊始，它就是人类生活的一部分。随着时间的推移，医学分出各种子学科，而且每个子学科都有自己的学术史，但我们还是从古文明中获益良多。在那个没有显微镜、听诊器和温度计的时代，人类竭尽全力地通过纯粹的创造和观察来获得关于人类身体的信息和照料身体的方法。虽然推论并不总是正确的，但对理解的追求不仅有助于人类知识的进步，也有助于我们更好地管理自己的健康和幸福。

你知道吗?

虽然现在卫生已成为现代医学的部分基础，但却不是从来如此。19世纪40年代，匈牙利医生伊格纳兹·塞麦尔维斯第一个注意到了产妇死亡和医生洗手之间的关系。然而，他所呼吁的医疗卫生直到19世纪末才得到重视。

右图　2019年的顶尖医院医疗室，位于加利福尼亚州的艾尔卡米诺，并配有计算机断层扫描术（CT）机器

下图　注射器和白喉疫苗瓶。它们代表了20世纪30年代到60年代的尖端医学

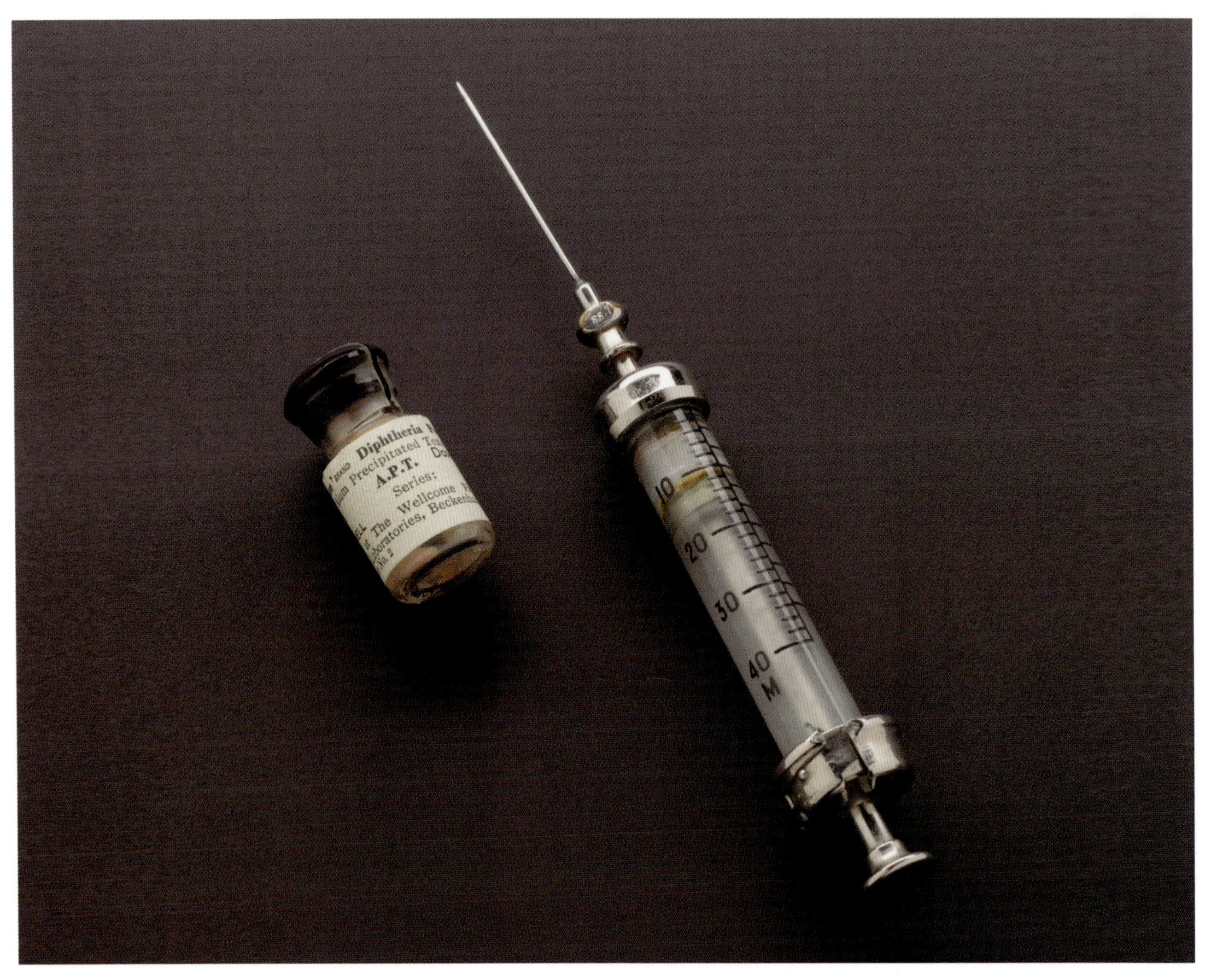

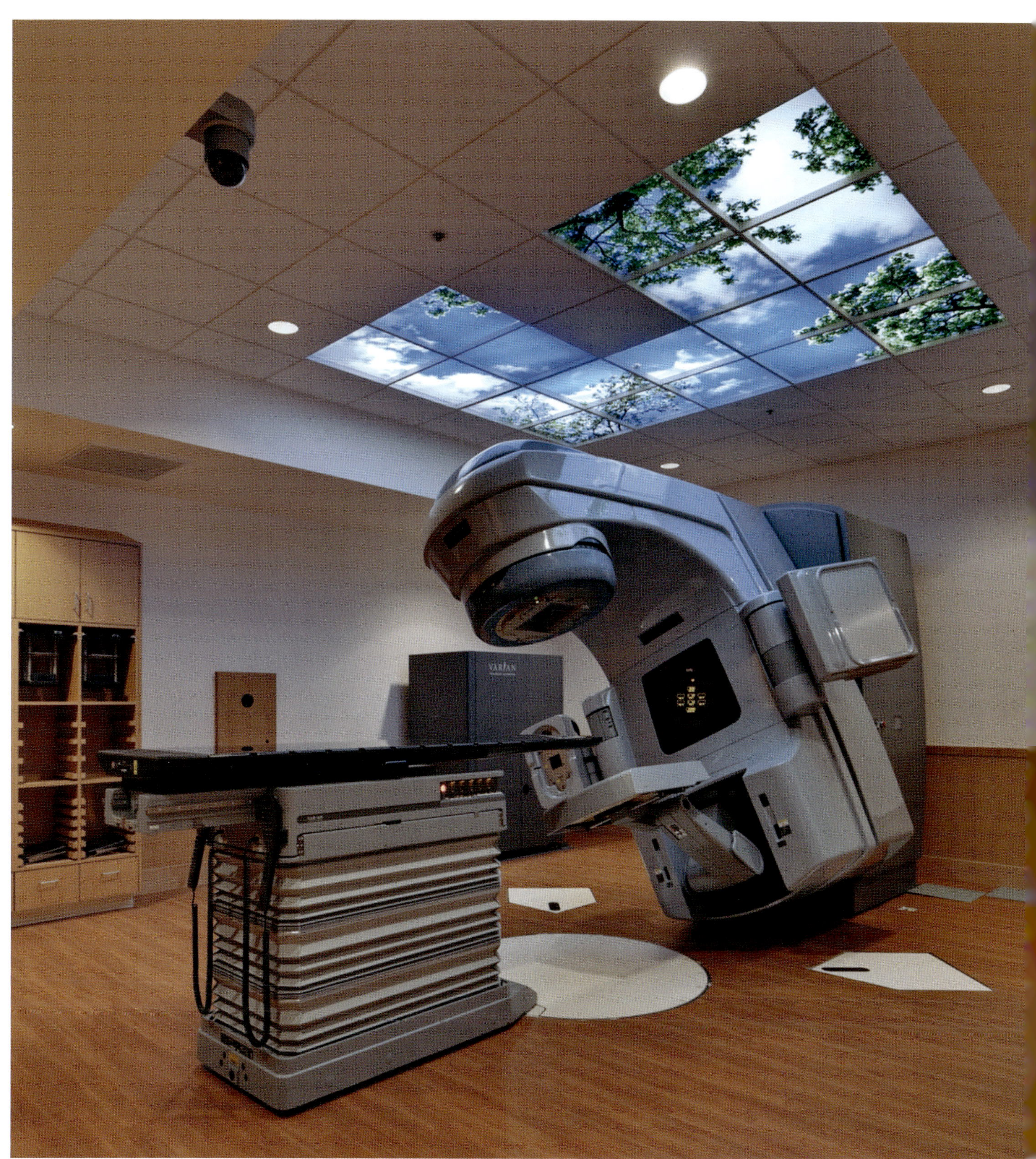
VARIAN

第三章　哲学

好奇是智慧的开始。

——古希腊哲学家苏格拉底

“哲学”一词的字面意思是“对智慧的热爱”。哲学学者们企图用一种结构化的方式来构建知识，因此总是提出一些关于存在的本质、人性和知识等的根本性问题。就其本身而言，哲学涵盖的话题范围很广，并独立于经验科学。现代科学的基础包括控制实验的使用、确凿事实的寻找和可检测理论的发展，而哲学则通过理性辩论、批判性推理和提出问题等方法获取知识。因此，现代科学家可能会问：“DNA里有什么特殊的化学物质？”而哲学家则会问：“活着意味着什么？”

但科学和哲学并不总是两个分离的学科。实际上，从公元前3000年到19世纪，我们现在称其为“科学”的东西在西方指的就是“自然哲学”。西方哲学起源于约公元前600年的古希腊。这个哲学传统不仅塑造了科学的故事，而且还产生了影响科学家们几个世纪的科学思想和方法。古代哲学家们促进了科学研究中许多有趣领域的发展，如数学和医学，但他们对科学史最大的贡献可能是他们创造思想和知识

距今2600年

约公元前6—前5世纪
前苏格拉底哲学家们提出“宇宙”的概念

约公元前5世纪
苏格拉底哲学家们提出“苏格拉底问答法”的理念

公元前4世纪
亚里士多德通过演绎推理建立逻辑原则

公元前399年
苏格拉底因“败坏青年”“信奉自己捏造的神而不信奉城邦公认的神”等罪被雅典执政当局处死

约公元前387年
柏拉图创立学园，即早期的学术组织机构

2300年

的这种理性方式。在本章中，我们将探索哲学思想和科学的重叠部分，以及与哲学思想有关的现代科学方法的发展，即科学家在回答关于我们周围世界的问题时所使用的系统。

随着时间的推移，西方哲学朝着不同的方向发展出了各个分支，并最终确立了在人文学科中的地位。人文学科是与人类文化相关的研究领域，包括文学、历史和语言等。但古希腊哲学传统为科学成为一个完全独立的统一体奠定了基础，后者将继续塑造人类历史的进程。

上图　智慧是公开辩论的话题之一。格奥尔格·庞兹木版画，作于1529年

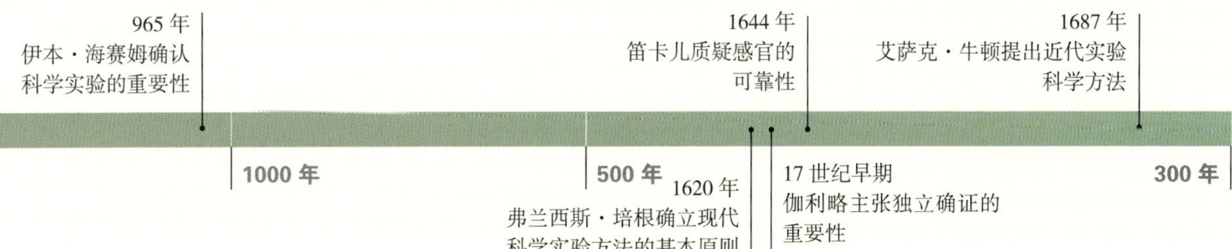

古代哲学

古希腊哲学家们确立了许多核心科学思想的基础。自然哲学是广泛哲学思想的一个分支。一般说来，它与对自然和物理世界的研究紧密相关，并包括许多科学学科，如基础物理、化学和生物。但是，古希腊哲学家们留给世界的最大遗产可能不是他们的思想，而是他们的思考方式。

我们再怎么强调哲学方法在科学史上的重要性都不为过。从史前时代开始，人们就一直在寻求知识，以完善自身，并把这些信息代代相传。古希腊是西方思想的革命地，见证了知识的系统性规律，以及知识变成正式理论的逻辑发展。古希腊人虽然并不是首批这样思考的人（这个思考方法起源于古印度和中国），但在他们当中却普及了逻辑和理性，以探究和了解世界。

逻辑思想之所以能够在古希腊繁荣发展，部分是因为古希腊人更加重视非宗教的哲学传统。虽然对诸神的信仰塑造了人类的经验，也在整个古希腊广为传播，但大多数哲学家仍相信自然界存在着各种模式和

上图　哲学起源于中国和印度。中国哲学家和政治家孔子的雕塑

规则，而人类则可以通过研究了解它们。信仰和事实的分离促使早期哲学家们探索自然和事实的基本定律，而不是向超自然的神明寻求解释。

前苏格拉底哲学家们是最早持有这种观点的哲学家。他们提出了“宇宙”的理念，即宇宙的运转是有规律的，而人类则可以通过理性研究来理解宇宙。前苏格拉底哲学家们会提出很大的问题，如“宇宙是由什么构成的？”和“世界从何而来？”，他们用理性和批判性思维来尝试解答这些问题。

名人录——米利都的泰勒斯

米利都的泰勒斯出生于约公元前 624 年，卒于约公元前 547 年，是最著名的前苏格拉底哲学家之一，被誉为“西方哲学之父”。

作为“希腊七贤”（古希腊和古罗马时期德高望重的智者）之一，泰勒斯在几何和天文学方面颇有建树。据说，他曾经仅仅通过丈量埃及大金字塔的影子就算出了其实际大小。而且，他还准确地预测了发生在公元前 585 年 5 月 28 日的日食。

然而，泰勒斯对科学的最大贡献是他研究自然现象的方式。泰勒斯并没有把自然事件的发生归因于诸神，而是试图寻求非超自然的解释。这种方式是革命性的，因为在那个时代，拟人化的诸神是古希腊思想的中心，而宗教信仰则常常与范式研究紧密交织。泰勒斯依赖的是理性而不是宗教信仰，所以创造了一种解决问题的新方式，为科学的发展奠定了基础。

下图　米利都的泰勒斯是“希腊七贤”之一，也是最著名的前苏格拉底哲学家之一

在发展“苏格拉底问答法”的过程中，苏格拉底使用了以下方法：以合作辩论的方式提出问题、辩论论点，以激发批判性思维，最终得出合理的结论。公元前 399 年，苏格拉底被雅典执政当局以“信奉自己捏造的神而不信奉城邦公认的神”“败坏青年”等罪名处以死刑，但这绝不代表古希腊哲学就此结束。

首先，苏格拉底的学生柏拉图继承了他的衣钵，并创立了世界上最早的组织学术机构。其次，柏拉图的学生亚里士多德也继承了他的衣钵，进一步奠定了哲学的科学基础。有别于柏拉图和许多之前的哲学家们，亚里士多德强调经验观察和试验是获得知识的途径，还主张人们通过观察各种模式和现象能够建立关于事物运转的更大格局。

下图　苏格拉底之死，由雅克－路易斯·大卫作于 1787 年，描述了哲学家被迫饮鸩自尽的场景

柏拉图学园

约公元前387年，哲学家柏拉图创立了属于自己的学园，这是西方教育史上的重大事件。柏拉图学园是已知最早的高等教育组织机构之一，被认为是现代大学的前身。

此学园坐落于古雅典城墙外的一片橄榄林中，是那些求知若渴的学生讨论哲学并聆听柏拉图及其同代人演讲的地方。

这个学园并不对所有人开放。据说，它门口的牌匾上写着："不懂几何之人请勿进入。"学园鼓励散播理性和观察，并提出了高等教育专业机构的创办原则。

上图　柏拉图学园创立于约公元前387年，是古希腊哲学研究中心

亚里士多德被公认为是“逻辑学之父”。他提出了一种演绎推理的形式，即两个或两个以上的真命题可产生一个逻辑结论。这种构建知识的方式与他的前辈柏拉图所采用的更抽象和更理论化的方法截然不同。亚里士多德的方式并不总是完全的方法论，与他的同代人一样，他有时还是会依赖思想里未经考验的知识。

不管怎样，亚里士多德的经验证据和逻辑推理是开创性的，这使他成为历史上首批真正的科学家之一。

虽然古希腊哲学家们绝无可能是首批思考周围世界的人，但他们所采用的系统性研究方法和使知识正规化的做法在之后的几个世纪里造就了科学的发展。不可否认，虽然哲学和科学最终都变成了独立的学科，但古希腊哲学家们的遗产仍在影响着现代的科学思想。

你知道吗？

在亚里士多德的演绎推理中，最著名的一个例子是：A. 人终有一死。B. 苏格拉底是个人。C. 因此，苏格拉底终有一死。通过这种逻辑推理的方法，思想家们可以利用现有的知识来开发新的知识。当然，如果 A 和 B 的接受前提都是错误的，那么结论 C 也将是错误的。

上图　亚里士多德被公认为是“逻辑学之父”。他奠定了哲学的科学基础

你知道吗？

亚里士多德的经验主义方法和柏拉图更加抽象的思想之间的差异在16世纪拉斐尔的名画《雅典学派》中得到了很好的体现。在这幅画中，柏拉图向上指着天空，而亚里士多德则向下指着地面，这象征着他有更为理性的方法。

现代哲学之路

如果没有伊斯兰学者们的帮助，古希腊哲学家们也许永远都无法对科学思想产生影响。中世纪初，许多古典伊斯兰著作在西方仍无人知晓，而哲学思想也与神学和宗教紧密相连。但这还远称不上是科学和理性的全球性“黑暗时代”，因为中世纪的伊斯兰世界见证了知识和学术的巨大进步。这个时期被称为“伊斯兰黄金时代”，一直从7世纪持续到10世纪。此间，伊斯兰学者们发现了无数鲜为人知的古希腊文献，把它们翻译成阿拉伯语，并将这些知识代代相传。

在伊斯兰世界，关于我们获取知识的方式的哲学思想的基础与现代科学方法的早期基础相同，都是科学家研究和获取关于我们周围世界的各种信息的过程。伊本·海赛姆（详见第70页）是965年左右出生在伊拉克的数学家和天文学家，他促进了这种方法的发展。海赛姆通过系统的实验测试了他的科学理论，即科学研究的基础在很大程度上缺少古希腊的方法。对海赛姆等伊斯兰科学家们来说，与古典世界相比，实验的作用变得更加重要了。

上图　数学家和哲学家伊本·海赛姆

在文艺复兴时期，欧洲思想家们再次把目光投向了古希腊人的著作，他们开始注重亚里士多德及其同代人提出的哲学方法。伽利略是出生于 1564 年的意大利博学家，因其在天文学方面的不朽贡献而为世人所铭记。伽利略也提出了早期的科学方法，并呼吁学者通过检验来证明实验理论。伽利略认为，独立确证对科学理论的发展来说至关重要，因为只依赖于其他思想家所提出的观察和想法是行不通的，理论必须经过检验。

大约在同一时期，英国哲学家和政治家弗兰西斯·培根发表了自己对科学方法的看法，并阐述了我们现在所知晓的许多原理。培根呼吁国家支持科学研究，这样科学才能通过技术和其他应用科学的进步来改善人类的生活。他还认为，只有经过直接检验的理论才能提供有用的知识。由此可见，培根赞同伽利略的观点，即仅相信古代学者的话是不够的。对他来说，科学知识依赖于实验。

>> 应用科学通常使用技术、工程和发明将科学发现应用于实际。<<

左图　伽利略支持对实验科学理论进行直接检验的重要性

上图　艾萨克·牛顿起草了科学方法的规则

与此同时，法国哲学家和数学家笛卡儿正在荷兰撰写关于一个独立的知识理论的著作。作为哲学家，笛卡儿关心的问题是“我们如何知道我们知道的？”，这个问题来自一个名为“认识论”的哲学领域，它讲的是知识本身的性质。笛卡儿认为，亚里士多德强调把观察作为获取知识途径的方法是错误的，因为我们的感官并不总是值得信任。相反，笛卡儿建议，系统地怀疑和合理地质疑感官感觉是准确获取知识所必不可少的。

最终，艾萨克·牛顿促使科学方法趋于成熟。在其于 1687 年出版的著作《自然哲学的数学原理》中，牛顿总结了准确获取科学知识所需的各种规则。与前辈培根和伽利略一样，牛顿强调了实验作为获取知识的途径的重要性。他认为，获得知识的最好办法是观察世界，研究能够解释所见的理论，并通过检验确认理论是否正确。

>> 认识论是哲学的一个分支，是关于知识及其获取方式的理论。<<

17 世纪末，现代科学方法已经基本确立。尽管在之后的好多年里，许多伟大的科学家和哲学家仍不断对其进行改进，但观察、理论和实验的基本原则却未曾改变。

>> 典型的科学方法通常可被应用如下：根据可观察的事实提出假设，在实验条件下对假设进行检验，并改进和完善假设，使其与实验结果保持一致。<<

科学起源于哲学，而哲学家们则反过来在发展科学研究的核心原则方面发挥了重要作用。虽然现在科学和哲学已是两门独立的学科，但我们仍能看到哲学以很多有趣的方式与科学交织在一起。理论物理领域偶尔会把科学研究的范围拓展到哲学领域。例如，当我们思考宇宙大爆炸之前的时间概念时，这就是一个既科学又哲学的问题。与此同时，伦理和道德会经常出现在科学论述中，而我们往往需要用既科学又哲学的方法来驾驭这些问题。最终，科学研究及其相关的进步影响着我们周围世界的各个方面。我们优先考虑科学的哪个领域？我们如何进行实验？我们如何管理科学进步的潜在后果？我们对这些问题的研究形成了各种科学和哲学思想流派。科学本就是人类的一种内在追求，因此，哲学肯定会在其中发挥自己的作用。

下图　宇宙大爆炸之前发生了什么？这既是一个科学问题，也是一个哲学问题

第二部分

后古典时代

5—15 世纪

上图　使节往返于巴格达的智慧院。这里是伊斯兰世界的学习中心

后古典时代（大致相当于中世纪）通常被认为是人类历史的黑暗时期，这是一个科学让路于无知和迷信的时代。后古典时代的出现是有一定原因的，那就是罗马帝国于 5 世纪陨落之后，科学发展缓慢，大量知识流失。但是，这个时代也见证了真正的科学创新和进步。在伊斯兰世界，来自古希腊和古罗马的古典科学知识得以保存，并最终通过蓬勃发展的贸易网和战争传入西欧；在中国的宋朝，工业的发展带来了一系列开创性的工程项目和发明，如活字印刷、火药和纸币。

欧亚大陆的科学研究因为 14 世纪黑死病的暴发而陷入停滞。这场可怕的流行病夺走了数百万人的生命，使得欧洲和中东的人口锐减。但在后古典时代末期的 15 世纪，文化活动开始涌现，最终在欧洲文艺复兴时期达到顶峰。如果把后古典时代视为两个启蒙时代之间的无声倒退时期，那就等于抹杀了人类历史在这个阶段所取得的诸多科学进步和技术发展。后古典时代远非一个“黑暗时代”，思想家们和创新者们在迷雾中依然保持对科学真理和启蒙一如既往的追求。

第四章　地理学

地理是一门世俗的学科，也是一门神圣的科学。

——爱尔兰政治家和哲学家埃德蒙·伯克

地理学是关于地方及其物理特征和人与环境之间的相互作用的研究。虽然“地理”一词源自希腊语，表示“对地球的描述”，但几个世纪以来，世界各地的人们都在以某种形式学习着地理。地理学在古希腊时期便繁荣发展，但直到古罗马时期才真正成为一个独立的领域。在后古典时代，伊斯兰世界的地理研究取得了巨大进步，这得益于中东学者们渊博的数学知识。地理研究最终在文艺复兴时期回归欧洲。这些都为18世纪和19世纪的地理研究大爆发奠定了基础。

由于具备实用性，地理学一直都被认为很有价值，因为了解各地地貌和环境对贸易和战争都非常重要，但地理学带给我们的远不止于此。

地理学为关于人类生命的故事提供了另外一个视角：它帮助我们了解环境及其对我们的影响，也让我们了解周围世界的结构和原理。

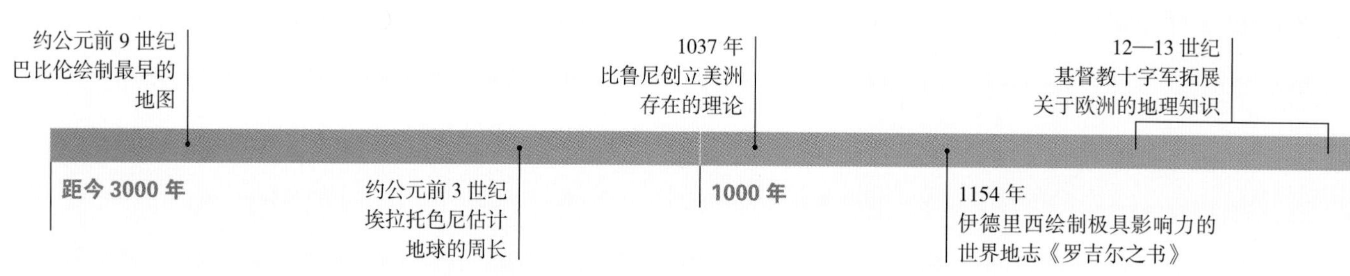

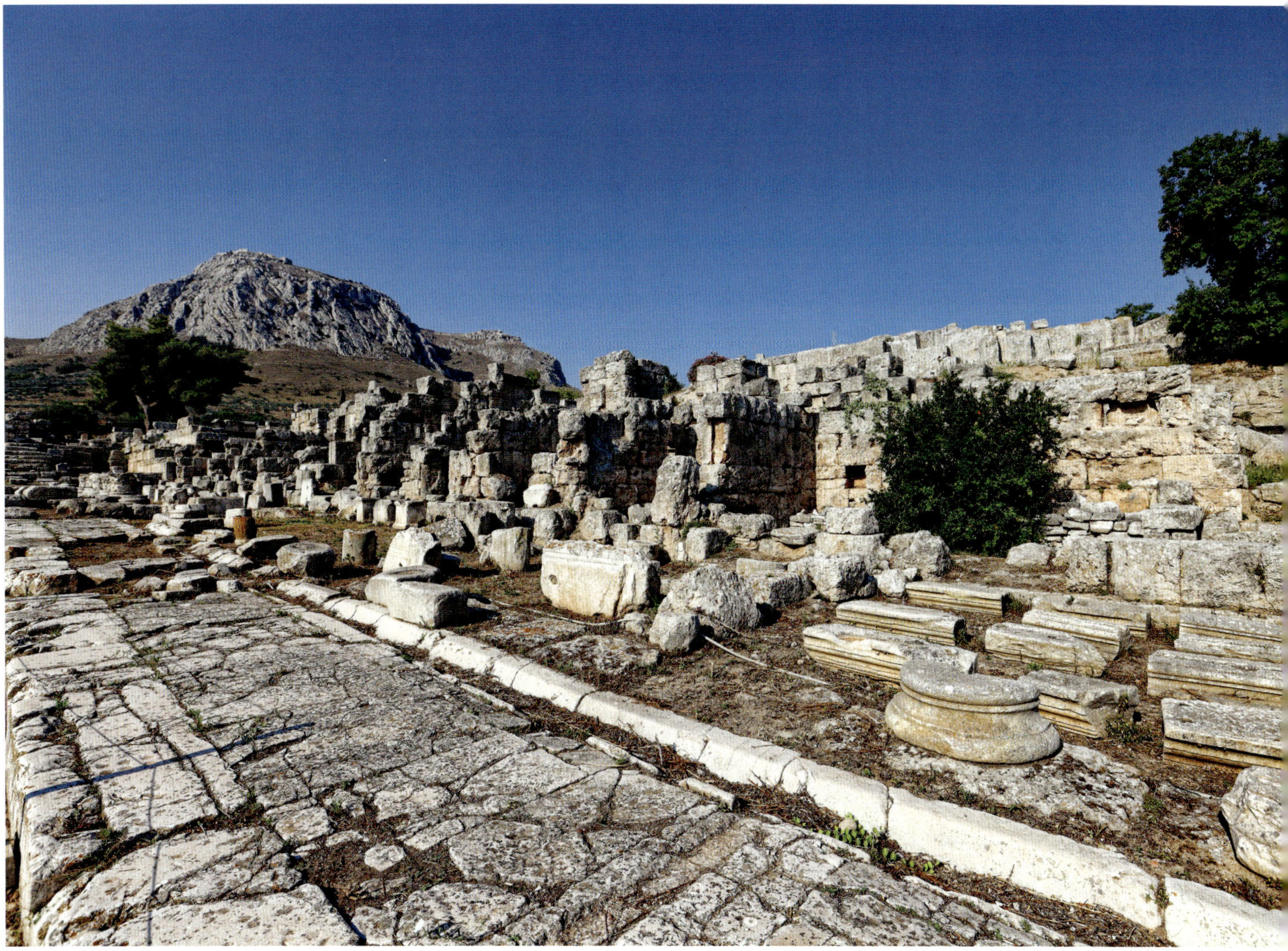

上图　古代科林斯市的勒查恩路是组成罗马帝国基础设施的众多道路之一

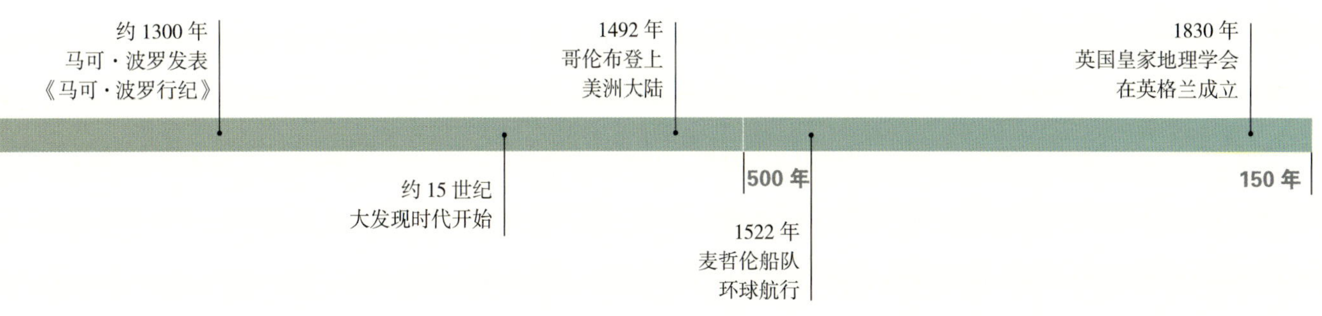

地理学的根源

早在地理学这个科学学科存在之前，人类就一直在探索周围世界的环境，并绘制地图。最早的地图可追溯到公元前 9 世纪的巴比伦，而现存最古老的世界地图也源自此。这幅巴比伦世界地图绘制于公元前 7—前 5 世纪，以巴比伦为中心，周围是盐海和岛屿。

上图　这个泥板文献是现存最古老的世界地图。它把巴比伦设为世界的中心

虽然在此之前，地理实践已经存在多年，但直到古希腊时期，这个学科才得以在地中海被命名。公元前 4 世纪，古希腊人已经拥有了惊人的地理知识。他们把世界分为三大洲，即欧洲、亚洲和非洲。学者们也普遍接受以下观点：地球是个球体，而不是盘状物。科学作家、数学家和天文学家埃拉托色尼被公认为是“地理学之父”。埃拉托色尼于公元前 276 年左右出生在古希腊，但作为亚历山大城图书馆的馆长，他在埃及度过了大半生。正是在这个图书馆里，他第一次准确地计算出了地球的周长，并出版了一本关于地球起源、测量和布局的综合性著作《地理学》。当然，埃拉托色尼也有犯错的时候，他认为世界分为五个气候区，其中只有两个是适合人类居住的。但是，他的著作涵盖了丰富且准确的地理知识，为地理学发展为一门学科奠定了基础。

在古罗马，地理学被视为建造帝国所需的有用工具，因此极受政治家和军事领袖的重视。准确的地图和精确的测量让古罗马人能够建造自己庞大的道路交通系统。时至今日，许多罗马帝国时期建设的道路仍然存在，更因其效率而备受赞誉，这都得益于专业地

你知道吗?

你可能听说过，哥伦布发现了地球是圆的。但这其实是个常见的误解。古希腊人早就意识到地球不是平的。据说，数学家毕达哥拉斯早在公元前 6 世纪就提出了地球是球形的观点。

理测量员们的研究。公元前 1 世纪的地理学家斯特拉博和 2 世纪的博学家托勒玫通过对国家、地方资源和风俗的描写，拓展了地理学的范围。托勒玫的地理学著作《地理学指南》是当时有关数理地理知识的汇总，对中世纪的伊斯兰世界和欧洲文艺复兴的地理学家们产生了深远影响。

你知道吗?

埃拉托色尼通过测量太阳光线在两个相距 500 英里的地方的角度，计算出了地球的周长。通过这个数字，他还推断出了球体地球的周长应为 25000—28500 英里。而地球的真正周长仅略小于 25000 英里，所以，埃拉托色尼的计算结果是非常接近正确数值的。

下图　埃拉托色尼被认为是“地理学之父”，因为他首次提出“地理学”一词

在罗马帝国灭亡后的几个世纪里，丝绸之路的发展促进了各个社会地理知识的进步，这是因为贸易路线网有效地将中国和地中海连接起来。地理知识随着丝绸之路上商人们的来往得到传播，他们述说的关于远古国度的故事更是让各国对边界外的世界有了更加准确的描画。

在远古时代的整个过程里，随着相隔数千英里的文明首次意识到彼此的存在，世界地图也经历了各种变更和发展。技术、政治和贸易都促进了这种转变。在第一个千年的最初几个世纪里，世界逐渐开放。

你知道吗？

2—3 世纪，丝绸之路沿线的贸易蓬勃发展。除了大陆间的货物运输，这些贸易路线还把宗教、艺术和科学等思想传播到了更远的地方。

上图　托勒玫世界地图描绘了 2 世纪时希腊社会所知晓的世界

右图　1271 年，马可 · 波罗及其父亲和叔叔一起踏上丝绸之路。在跋涉了约 5600 英里（1 英里相当于约 1.609 千米）之后，他们最终在 1275 年抵达北京

伊斯兰黄金时代

上图 “智慧院”成为学者、哲学家和科学家的摇篮

伊斯兰黄金时代始于661年的倭马亚王朝，是伊斯兰征服的时代，也是政治、文化和科学稳定发展的时期。762年，阿拔斯王朝将首都迁到了新建的城市巴格达（位于现在的伊拉克）。在这里，帝国的统治者马蒙创立了巴格达“智慧院”，这是一座图书馆，也是世界上最大的学习中心之一。“智慧院”后来成为学者、哲学家和科学家的摇篮，正是在这里，“翻译运动”促成了许多珍贵文献的保护工作。在黄金时代，影响伊斯兰学者们的并不只有古希腊人。来自印度的印度－阿拉伯数字系统（详见第19页）等思想，以及起源于中国的版画制作，也在伊斯兰世界得到运用和改进。

但伊斯兰黄金时代并不局限于翻译和传播现有的知识。伊斯兰学者们也很重视他们从古希腊和其他地方获取的知识，在数学、天文学和医学等领域都取得了很大的进步。花剌子米等数学家、伊本·海赛姆等天文学家和物理学家、伊本·西拿等医学家都是科学史上最有成就的思想家。

伊斯兰黄金时代塑造了阿拉伯帝国繁荣的文化科学，也影响了世界上的其他地方。

作为帝国的首都，巴格达是连接欧洲和亚洲的具有战略性的位置，也因此，它成为贸易和思想的枢纽。通过这种方式，伊斯兰世界成为东方和西方的知识桥梁，这种作用在欧洲表现得尤为明显，因为许多科学思想都是经由阿拉伯帝国传播到西方的。

传统上认为，随着蒙古人入侵和巴格达陷落，伊斯兰黄金时代不得不结束于1258年。以“智慧院”被蒙古人摧毁、执政的哈里发被处决为结局。但是，伊斯兰黄金时代仍在世界留下了不少遗产，特别是在欧洲。

尽管人们对能否把伊斯兰黄金时代称为“科学革命”尚有争议，但很显然，这个时代对学习和知识的强调促进了实质性的科学进步，反过来也支持了欧洲思想和研究的发展。毫无疑问，科学从伊斯兰世界和伊斯兰黄金时代的思想家获益。

左图 伊斯兰黄金时代于1258年结束，以蒙古人入侵、巴格达陷落为标志

后古典时代的地理学

中世纪，地理学在欧洲发展缓慢，却在伊斯兰世界继续蓬勃发展。此时，伊斯兰学者们开始了伟大的“翻译运动”，为伊斯兰世界引进了大量的新地理知识，也让阿拉伯学者们能够依赖现有的研究。这些文献都保存在“智慧院”。伊斯兰地理学家们，如 9 世

你知道吗？

“翻译运动”始于伊斯兰黄金时代，主要是将来自中国、印度、希腊和罗马的古代文献翻译成阿拉伯语。

下图　伊朗博学家艾哈迈德·比鲁尼

纪的波斯学者花剌子米，不仅对这些文献进行了修订，还以这些文献为基础，更正了错误，增加了新知识。

11 世纪的伊朗博学家比鲁尼被认为是首批将美洲的存在理论化的学者之一。比鲁尼根据其对地球周长和已知大陆的计算，使用关于地质作用的知识，推断出欧洲和亚洲之间的海洋某处很可能还存在着另外一个大陆。

12 世纪，阿拉伯地理学家伊德里西出版了《罗吉尔之书》，这是一本描述不同地区的物理、文化和政治特征的世界地图。受命于西西里国王罗杰二世，伊德里西花了 15 年才完成这幅地图的绘制。在之后的许多年里，这幅地图一直都是对世界地理的最准确描述。伊德里西的著作最吸引人的地方之一是他已查明的关于远方的知识。《罗吉尔之书》包括很多对中国丝绸贸易和偏僻的北海上无数小岛的描述。那个时候，这肯定是对他人无法想象的神秘国度的最深入了解。

在中世纪的欧洲，地理在文艺复兴之前的几个世纪里都进步缓慢。然而，战争和贸易仍扩大了学者们对欧洲以外世界的了解，并激发了人们对探索和旅行的兴趣。意大利商人马可·波罗的旅行进一步增加了欧洲人对其他地区的好奇心。在1300年前后出版的一本书详细记录了马可·波罗从威尼斯旅行到远东，沿着丝绸之路走了大约5600英里的故事，不断启发着包括克里斯托弗·哥伦布在内的其他欧洲探险家。与此同时，发生在12世纪和13世纪之间的基督教十字军东征也增加了欧洲对伊斯兰世界的了解。

在后古典时代末期，即15世纪，欧洲国家开始进行各种远航，以探索世界上未知的地区，并寻找黄金、白银和香料。这个时期被称为大发现时代，一直持续到18世纪末，见证了欧洲人对许多以前不知道的地区，包括美洲的发现。对于这些土地上的原住民来说，欧洲人的到来导致了剥削和压迫。欧洲的殖民政策使当地人口大量减少，并引发了大西洋奴隶贸易，从而创造了欧洲持续至今的经济和政治主导地位。

上图　马可·波罗关于其从威尼斯旅行到远东的著作《马可·波罗行纪》于1300年前后出版，加强了欧洲人对其他地区的好奇心

左图　阿拉伯地理学家穆罕默德·伊德里西通过其《罗吉尔之书》绘制了一张颇具影响力的世界地图

从地理学的角度来说，大发现时代极具革命性。从 15 世纪早期葡萄牙人进军非洲和印度开始，海军的远征带来了全球的开放，让欧洲、非洲、亚洲这些旧大陆与其他之前未知的世界——美洲和澳大利亚——有了联系。东半球和西半球之间人员、动物、植物、食物、文化和思想的传输数量剧增，使人们对世界上的其他地方有了新的认知，这被称为“哥伦布大交换”。大发现时代加快了全球地理知识的发展，包括其他文化和其他地区，并促使人们开始寻求关于这门学科的更标准和更科学的研究方法。

上图　坎迪诺平面球形图由一位不知名的葡萄牙制图师于 1502 年绘制完成，是现存最早的显示葡萄牙在东方和西方的地理发现的地图，描绘了大探索之后欧洲人所知晓的世界。作为有史以来最珍贵的制图文献之一，它的特别之处在于描绘出了巴西海岸线的零碎状况

现代地理学之路

从 15 世纪开始，在商业利益和土地征服的驱动下，地理学在欧洲经历了一次重大复兴。欧洲帝国主义野心渐长，地理学的重要性也日益增加。15 世纪和 16 世纪一系列的远洋航行，如哥伦布偶然发现了美洲大陆和麦哲伦的环球航行，都凸显了这门学科的现实意义。对于那些渴望开疆拓土的政府来说，物理世界的信息显得极其宝贵，因此，地理学很快呈现一派欣欣向荣的景象。欧洲各国抢夺殖民地的斗争愈演愈烈，殖民主义的狂热一直持续到 19 世纪，而整个地理学的地位也随之提高。

这一趋势最终触发了地理学的“专业化”。19 世纪，专业学会开始如雨后春笋般在世界各地涌现，英国有皇家地理学会，美国有国家地理学会。为了巩固地理学作为一门受尊敬的学术学科的地位，这些学会向大学申请开设这门学科。

>>19 世纪末和 20 世纪初，欧洲国家纷纷开始殖民非洲大陆上的国家。这种帝国主义的行径被称为“争夺非洲”。<<

左图　在尤金·德拉克罗瓦的这幅画里，哥伦布正在向国王费迪南德和西班牙皇后伊莎贝拉展示美洲的财富

名人录——亚历山大·冯·洪堡

亚历山大·冯·洪堡在1769年出生于普鲁士，是近代地理学奠基人之一，但其影响远不止于此。作为真正的博学家，洪堡在自然科学、哲学等方面也做出了贡献。

洪堡从小就立志成为一名科学探险家。他先后在欧洲各国游历，然后在1799年加入了去往美洲的远洋考察。在接下来的5年里，他的足迹遍布美洲大陆，到过委内瑞拉、古巴、安第斯山脉、墨西哥和美国。回国后，洪堡将自己的经历写成了《新大陆热带地区旅行记》一书，这是世界上第一部区域地理巨著，在科学领域享有了全球性的盛誉。

通过详细记录动植物物种并全面描述其所到的地区，他拓展了地理学和自然科学，也给自己的读者树立了一个生动的拉丁美洲形象。

洪堡是一位高产作家，一生中出版了几十卷旅行游记，其中最重要的可能也是最后的是《宇宙：物质世界概要》。《宇宙：物质世界概要》共5卷，于1845年动笔，是洪堡集中总结关于其一生研究和发现的尝试。这本书很受欢迎。洪堡的著作还影响了很多伟人，如查尔斯·达尔文。

作为坚定的废奴主义者和早期的环保主义者，洪堡在很多方面都走在时代前沿。他是首批提出各大陆曾经相连的科学家之一，也是提出人为引起气候变化这个概念的第一人。

虽然在那个时代，他是欧洲最著名的人物之一，但如今，亚历山大·冯·洪堡的名字却没有那么响亮了。尽管如此，凭借他对地理学无与伦比的贡献，他值得被视为科学史上真正的标杆人物之一。

上图　亚历山大·冯·洪堡，格奥尔格·维特斯绘制

上图　此页摘自洪堡的《新大陆热带地区旅行记》，展示了他对植物物种的详细记录

上图　拉斯维加斯这个沙漠中的城市带给物理学家和人类地理学家很多难题

如果说19世纪是地理学确立和专业化的时期，那么20世纪则见证了这个学科发展出多个独立的子学科。这些子学科大致可归为两大核心研究领域：物理地理学和人文地理学。物理地理学专注的是环境进程和系统，如生态系统、气候和大气，而人文地理学关注的则是人和地区的关系以及文化现象，如政治和社会结构。就其本身而言，地理学的重要性从未改变。虽然地图上的空白越来越少，但地理学家们需要解答的问题仍有很多。从人口变动和气候变化到食品安全和生物多样性，我们这个时代面临诸多前所未有的挑战，地理学仍有着至关重要的作用。

地理思想的革命还改变了我们人类看待自己的方式。首批世界地图反映了制图师在了解世界方面的局限性，因为对他们这些巴比伦市民来说，巴比伦就是世界。而随着地理学的发展，不同文明对彼此的认识和了解也在变化。21世纪，虽然我们是不同国家的公民，但我们知道外面还有更大的世界，我们只是更大背景下的一小部分。因为学习地理，知道自己既是本国的公民，也是地球村的公民。

第五章　光学

光学是哲学的精华。没有它，就没有其他科学。

——中世纪哲学家和科学家罗吉尔·培根

光学是关于光的行为和视觉研究的科学。我们可以把光学大致分为两个主要的子学科：物理光学和几何光学。物理光学关注的是光作为波的性质，而几何光学考虑的则是光作为束的行为，以及如何使用我们的眼睛、透镜和其他仪器来影响光。

人类与光一直有着密不可分的关系。在许多宗教文献里，光总是象征着善的力量。而从实际层面上讲，因为懂得利用光，人类才成为优势物种。几个世纪以来，随着世界各地的学者们对光学做出贡献，我们对光的理解也在不断加深。现在，光学是现代科学的核心。从我们用来探索宇宙的望远镜到用来诊断疾病和研究药物的显微镜，了解光学和光学仪器对科学的进步尤为重要。虽然这其中不被了解的东西仍有很多，有些光学现象甚至和量子力学领域相互交叉，但我们在过去几个世纪所累积的知识已经通过各种各样的方式促进了科学的进步。这是我们如何从最早的光和光学工具理论发展到我们如今所在阶段的故事，也是我们如何了解和控制人类已知的最强大的工具的故事。

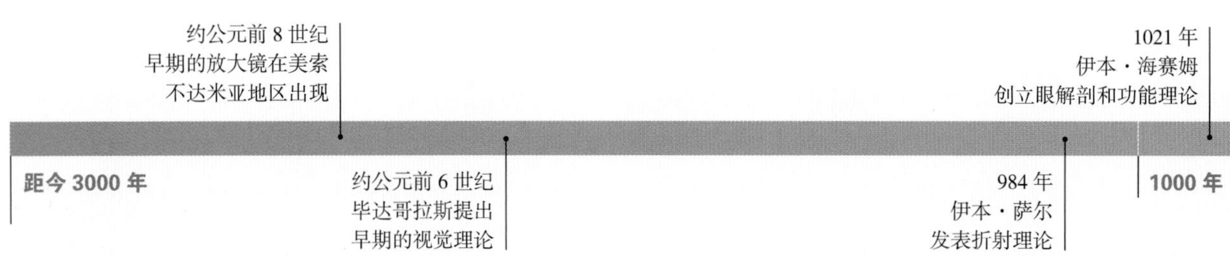

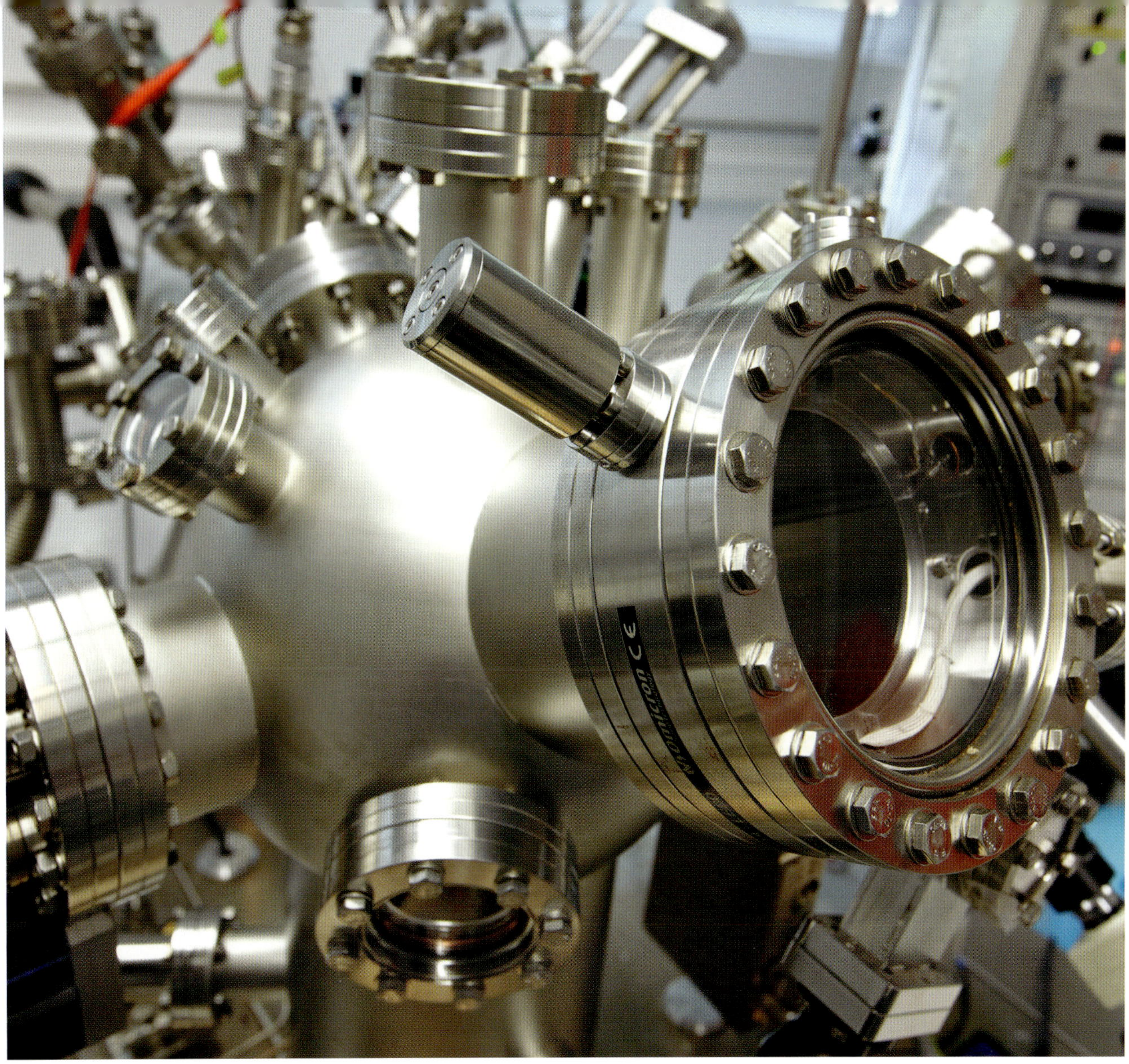

上图 从亚原子颗粒到各种恒星，光学仪器，如这个扫描隧道显微镜（STM），可以帮助我们更深入地观察宇宙

500 年

1690 年
克里斯蒂安·惠更斯
创立光的波动说

1704 年
艾萨克·牛顿提出
光的微粒说

1865 年
詹姆斯·克拉克·麦克斯韦
提出光的本质是电磁波

1900 年
伽马射线的发现完善
电磁波谱

1905 年
阿尔伯特·爱因斯坦
提出光量子概念

50 年

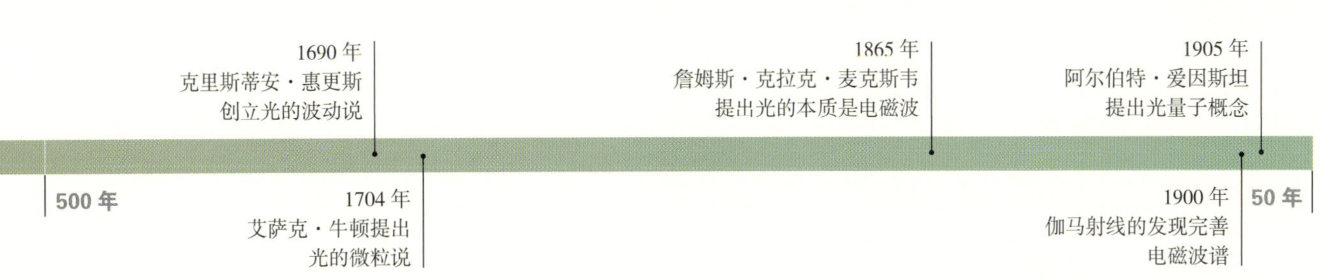

光学的根源

早在开始了解光的物理性质之前，人类就试图对其进行操控。伊拉克曾出土了公元前8世纪的放大镜，这表明，古代美索不达米亚文明已经意识到如何弯曲和折射光线，即使他们完全不懂这种效果背后的物理原理。

在古希腊时期，哲学家们最早提出了关于光和视觉的性质的理论。公元前6世纪，毕达哥拉斯提出，因为眼睛投射光线到物体上，所以我们才能看见物体。几年后，德谟克里特提出，视觉的来源不是我们的眼睛，而是我们所看到的物体。他认为，因为物体投射一连串的图像到我们的眼睛里，所以我们才能看见物体。公元前5世纪，恩培多克勒整合了这两个互相冲突的观点，提出了一个假设：眼睛虽然的确投射光，但只有依赖外部来源，如太阳，才能产生视觉。当然，这些理论在如今看来显得非常可笑，这是因为，古希腊人既没有多少科学证据来了解光的行为，也没有足够的眼解剖知识来了解眼睛对视觉的作用。

下图　这个尼姆鲁德镜头可追溯到公元前8世纪

上图　数学家恩培多克勒（左）和欧几里得（右）奠定了光学科学的基础

约公元前 3 世纪初，数学家欧几里得发表了一系列关于光的行为规则和原理的文章，为几何光学奠定了基础。虽然欧几里得的想法，即视觉是由眼睛向外投射光而形成是错误的，但他仍做出了许多准确的观察。

值得注意的是，他在自己的著作中提出了光是直线传播的概念，并且提出可以使用几何方法对其进行研究。他还认为，人类可以操控光并使其反射向不同的方向。2 世纪，古罗马博学家托勒玫发现光可以折射，也可以反射。

你知道吗?

在照相机发明之前的那几个世纪里，存在着另外一种设备——暗箱，即拉丁语里的“暗室”。暗箱是一个内壁涂黑的盒子，侧面有一个小洞，光线可从此射入，继而在黑色内壁上创造一个外面场景的翻转图像（虽然它保留了颜色和视角，但却是上下颠倒，前后对调）。

暗室也能制造同样的效果。如果一束光从窗口上针孔大小的洞中射入，外面的景象就会颠倒着投影在对面的墙上。发生这样的现象是因为光沿直线传播：在通过小孔时，光被聚焦，而在通过小孔后，光就会互相交叉，并在后面的墙上投射出颠倒的影像。人眼的运作原理和暗箱相似，瞳孔是小孔，视网膜则是对面的墙，也就是形成影像的地方。

暗箱从古时就已存在，但第一个书面记录的实例则来自公元前 4 世纪的中国。中国哲学家墨子对暗箱的描述比其他地方出现的此类描述要早好几百年。在 10 世纪期间，中国科学家沈括在光学实验中使用了暗箱，并且详细地描述了其原理。大约与此同时，这项技术也出现在伊斯兰世界。在这里，伊拉克科学家伊本·海赛姆用其来进行光学研究。17—18 世纪，艺术家、科学家和一般民众仍在使用暗箱。然而，随着新技术的出现，比如早期的放映机，暗箱开始过时了。如今，这样的装置再也不会被广泛使用。但是，只要有一把剪刀、一个盒子和一些胶带，任何人都能制作暗箱。

下图　艺术家和科学家已经学会了使用暗箱效应

在古希腊和古罗马时期末期，光学领域开始发展。科学家们对光束的行为及其与视觉的相互作用有了更多的认识，然而，关于光的行为，仍有很多未解之谜。另外，科学家们也未能进一步了解光的物理性质，如它的构成和物理现象。为了弄懂后古典时代光学发展的故事，我们需要把目光投向伊斯兰世界。

后古典时代的光学

和其他许多科学学科一样，光学领域在伊斯兰黄金时代也经历了一段复兴时期，从 8 世纪一直持续到了 15 世纪。在此期间，伟大的伊斯兰学者和数学家在光学的许多方面都取得了进步，并确立了一些时至今日我们仍在使用的科学理论和原理。

伊本·萨尔是10世纪生活在巴格达的波斯数学家。因为对托勒玫在几个世纪前提出的光学理论感兴趣，约 984 年，伊本·萨尔发表了自己的折射理论。这个理论建立在希腊－罗马思想的基础上，量化了光在介质之间移动时改变方向的方式。这是一个重大成就，比西方提出同样的原理早了 600 年。伊本·萨尔的创举被认为影响了后来被尊称为“现代光学之父”的学者伊本·海赛姆。

作为同时具备天文学、数学和物理学专业知识的博学家，海赛姆在 11 世纪出版了巨作《光学之书》，提出了许多关于光和视觉的革命性原理。海赛姆认为，视觉依赖于进入眼睛的光，而不是像欧几里得和其他希腊－罗马思想家们所说的那样，从眼睛向外投射光。通过用透镜、镜子和其他光学装置进行一系列的实验，海赛姆证明了欧几里得的理论，即光沿直线传播。在知道了光是以这种方式传播且在进入眼睛时产生视觉之后，海赛姆提出了一个关于眼睛运作方式的早期理论。在希腊－罗马医生和哲学家伽林的学说的基础上，他创立了眼解剖学，并且通过观察不同因素对感知的影响，如眼睛的移动和心理现象，扩宽了前人的理论。海赛姆的著作影响了无数后来的学者，他的系统性实验和科学方法有助于科学原理的广泛确立。在他死后的几个世纪，海赛姆的理论被翻译成拉丁语，并开始在西方获得了一批追随者。西方学者们采用并发展了他的思想，促进了该领域在欧洲的发展，在那里它将会在文艺复兴时期持续繁荣。

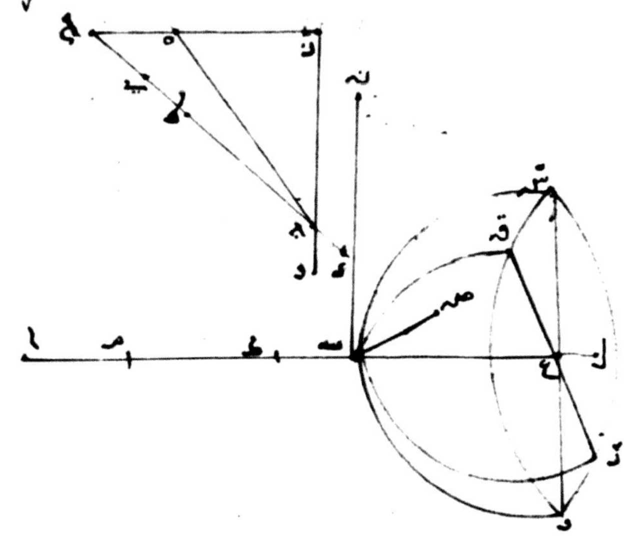

上图　穆斯林学者伊本·萨尔于10世纪出版了关于折射定律的著作。这是复印件

名人录——伊本·海赛姆

在伊斯兰黄金时代的科学领域里，数学家和天文学家伊本·海赛姆是一个不朽的代表人物，而光学则只是他惊人贡献中的一小部分。海赛姆约于 965 年出生在伊拉克的巴士拉，那时正是伊斯兰科学大放异彩的时候。根据海赛姆的生平记载，海赛姆是在一位被称为“疯狂的哈里发”的统治者的命令下搬到埃及的，后者想让海赛姆证明如他所说，他可以控制尼罗河的洪水。当海赛姆意识到这根本不可能时，他开始害怕会就此丢了性命。于是，他装疯卖傻，足不出户，直到 1021 年哈里发逝世后，才专心于科学和哲学研究。

海赛姆在一生中写了 200 多本书，其中很多都对欧洲的科学思想有影响。他致力于科学方法的研究，在科学方法普及之前的几个世纪里使其先行转变为更现代的研究方法。凭借其积极贡献，近年来，伊本·海赛姆开始获得应有的肯定，这无疑也帮助了他在历史书中赢得一席之地。

现代光学之路

在后古典时代之后的几个世纪里，随着新技术和新思想的出现，光学也获得了很大的发展。17 世纪初，德国数学家和天文学家约翰尼斯·开普勒发表了一篇论文，记录了一些与天文科学相关的光学现象。

>> 衍射是一种光学现象，它使光能够越过障碍物、穿过孔洞。而折射指的则是光在从一种介质进入另外一种介质时，如从空气到水，会发生弯曲。<<

开普勒的论文里还有一些关于人眼的描述，确认了视网膜在形成图像时所起的作用，以及近视和远视的物理成因。

但“光是什么”这个根本问题仍未得到解答。1690 年，荷兰物理学家、天文学家和数学家克里斯蒂安·惠更斯发表了他的光理论，并提出光是一种在波

右图 300 多年前，艾萨克·牛顿完成了著名的棱镜实验

左图 棱镜因其形状独特而能够把白光分解成多种色光

你知道吗?

电磁辐射是一种能以多种形式发射的能量。可见光是电磁辐射的一种形式，无线电波和 X 射线则是另外两种形式。根据波长，各种电磁辐射形式在电磁波谱中依次排列。可见光位于该波谱的中间。波长较长的无线电波和波长较短的伽马射线则分别位于该波谱的两端。

峰和波谷之间移动的波。毕竟，科学家们也新近发现了衍射的现象，暗示了光的性质与波类似。但是，英国博学家艾萨克·牛顿则提出了异议。1704 年，牛顿写道，光由沿着直线运动的独立粒子组成。事实证明，对科学界来说，牛顿的论点是最具说服力的，乃至一个世纪以后，他的光的粒子理论仍被广泛接受。就牛顿的光的粒子理论来说，他并不是全对，但也不是全错。不过，牛顿在光学领域最著名的贡献是他的棱镜实验，这个实验揭示了白光由许多不同的色光组成，而且每种色光的性质都有着些微的差异。虽然那时，牛顿尚未完全意识到这一点，但他的发现说明，光绝对比之前想象的复杂得多。

左图　克里斯蒂安·惠更斯提出，光是一种沿着波峰和波谷移动的波

18 世纪和 19 世纪，牛顿的粒子理论逐渐失宠。托马斯·杨等科学家所进行的实验显示，光的行为更类似于波。同时，科学家们也开始意识到，可见光只是光谱里的一小部分。在发现紫外线和红外线时，他们还发现，这些光线各自都有着不同于光的特性。1865 年，苏格兰科学家詹姆斯·克拉克·麦克斯韦创立了一种关于光的新理论，并提出电、磁和光都是同一种现象的组成部分。他认为可见光本身是一种电磁波，并预测可能还有其他的类似电磁波存在。麦克斯韦是完全正确的，而在接下来的几年里，科学家们也逐渐意识到，可见光确实只是电磁辐射的一种形式。

电磁辐射光谱

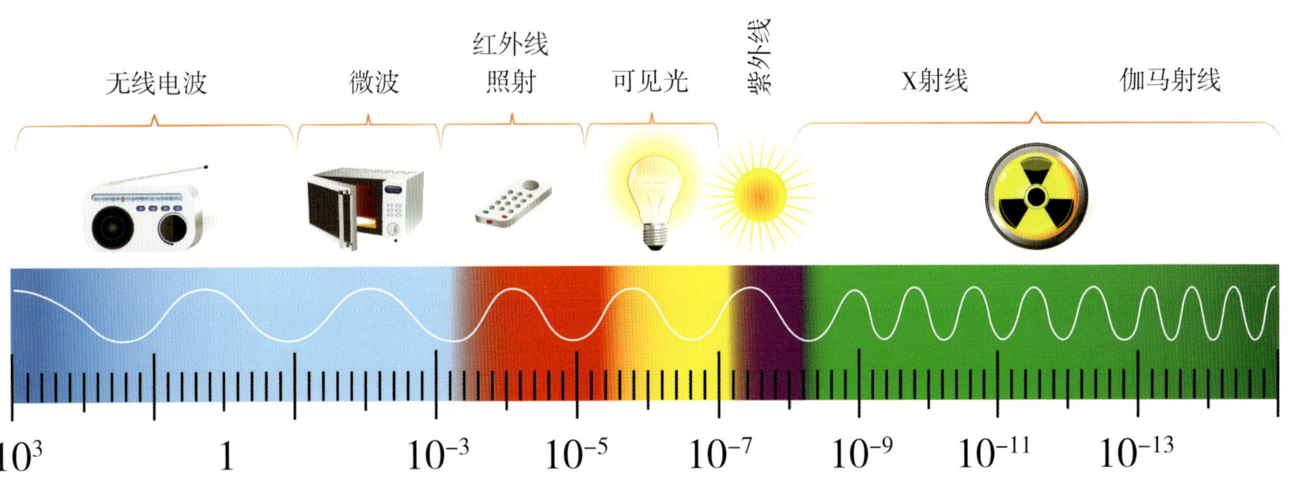

你知道吗?

当光射到金属上时，材料表面有时会发射出电子。早在 19 世纪，科学家们就观测到了这种效果，但最终是阿尔伯特·爱因斯坦做出了解释，即这种现象是由光粒子（或“光子”）撞击并追逐电子而造成的。

20 世纪初，德国伟大的物理学家阿尔伯特·爱因斯坦给牛顿的光的粒子论带来了新生，因为他观察到光可能同时具备粒子和似波的特性。爱因斯坦认为，光由单独的物理单元组成，也就是我们现在所说的光子。但是，这些光子非常奇怪，因为它们既像波又像粒子。这种性质被称为波粒二重性，也正是它造成了我们在光学中看到的许多奇怪现象，如光并不总是以可预测的方式传播。近年来，科学家们开始更多地了解光的量子性质，以及它似乎能以两种相互冲突的方式交替进行传播和运动的方式。

从古文明使用石英晶体作为阅读放大镜到制造能够在宇宙中探索恒星和星系的望远镜，几个世纪以来，光学研究一直是人类进步的动力。即使是现在，在首批科学家们提出疑问的几个世纪之后，我们还是未能确定光的性质。光学是一个广泛而复杂的领域，需要我们解答的知识谜题还有很多。

右图 1905 年，阿尔伯特·爱因斯坦提出，光既是波也是粒子，这种性质被称为波粒二重性

第六章　植物学

对我来说，一根小草都极具趣味。

——美国总统、政治家、外交家托马斯·杰弗逊（1801—1809 年间任美国总统）

人类的进程和植物的存在密切相关。从我们消耗的食物，到我们服用的药物，再到我们使用的材料，植物在我们生活的方方面面都扮演着关键的角色。它们从人类社会初始就一直如此。

植物是地球上的主要物种，占地球生物总量的 80%。它们提供了世界上大部分的氧气，是人类生存的基础。所以，植物科学非常重要。

在很长的一段时间里，植物学都受到农业科学和医学的主宰。但在之后的几个世纪里，它慢慢发展成了一门独立的科学学科。人类在 21 世纪面临的最紧迫的挑战，如食品安全、全球健康和生物多样性,都与植物科学密切相关。

植物科学跨越了许多世纪和多种文明，有着悠久而古怪的历史。和许多科学领域一样，植物学的历史仍在继续。所以，让我们深入研究一下植物学思想的历史，以及人类与植物之间长期而复杂的关系吧。

约公元前 10000 年
新石器时代的部落
转变为农业聚落

距今 10000 年

约公元前 4—前 3 世纪
狄奥菲拉克图斯确立早期的
植物学原理

8 世纪
伊斯兰世界开始
经历农业革命

12 世纪
希尔德加德·冯·宾根
建立药用植物整体理论

13 世纪
伊本·贝塔尔出版极具影响力的
药用植物著作《药食汇编》

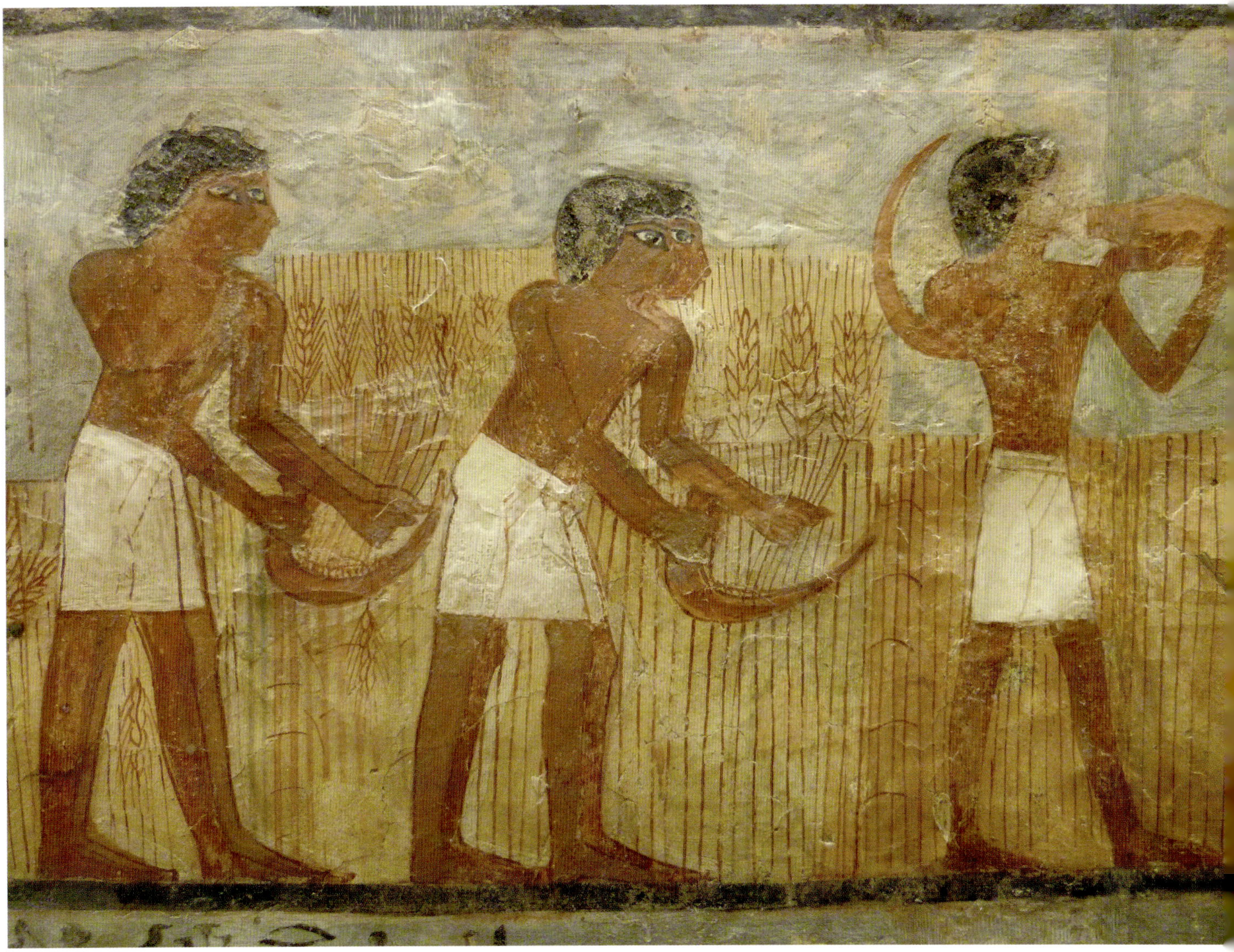

上图　植物一直是人类社会的基础，正如这幅古埃及壁画所示

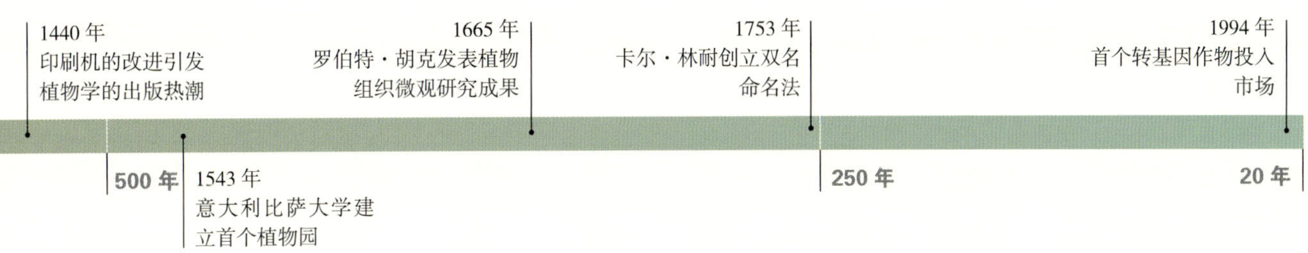

植物学的根源

植物学的起源可以追溯到很久以前。那时，人类还是狩猎 - 采集者，植物学知识是他们能否生存的关键。但是，随着农业于公元前 10000 年前后出现，之前的游牧部落开始变成定居聚落，我们和植物的关系变得复杂了。农业起源于肥沃新月，之后在世界各地分别发展，各个民族先后开始耕作。但直到很久以后，农业才变成一种科学追求——人们一开始从事农业只是为了生存，这是因为首批农民用来提高作物产量和

上图　从肥沃新月到堪萨斯州这些“披萨”农场上的大规模农业经济，农业的进步巨大

食物供应的技术的确需要基本的植物学知识和观察作为支撑。早期的农民就是用这种方法培育出了更强壮的作物，驯化了各种植物和动物物种。

你知道吗?

新石器时代大约是公元前 10000—前 3000 年，但世界各地对它的界定很不相同。这个时代从一场人类生活的变革开始，即狩猎 – 采集者的生活方式开始转向定居村落和农业。

下图　新石器时代革命见证了狩猎 – 采集者的生活方式趋于农业化

>> 驯化：与驯养不同，驯化需要经过数代的时间，并改变相关植物和动物的 DNA。<<

有证据表明，约公元前 3500—前 3200 年，人类在植物学的研究中采取了更系统的方法。早期的植物学著作可追溯到古印度、埃及、中国和美索不达米亚。然而，植物学的创立一般被归功于古希腊的哲学家狄奥菲拉克图斯。狄奥菲拉克图斯是亚里士多德的学生，也是首批为了植物科学本身，而不是为了支持农业或医学，去研究植物科学的学者之一。他将植物分为一年生、两年生和多年生，并了解了植物繁殖器官的变异。他不仅详细地记录了许多植物的外观和形态，而且仔细地从解剖学和生理学上研究了植物生命。因此，狄奥菲拉克图斯有时也被称为“植物学之父”。据估计，他可能写了 200 本植物学著作，但只有 2 本留存了下来。公元前 350—前 287 年，狄奥菲拉克图斯撰写了《植物研究》一书，内容涉及植物的结构、繁殖和发育，并提出了一套根据植物特征对植物进行分类和整理的早期系统。作为有史以来最具影响力的自然历史文献，它成为后代植物学家们的参照文献。

虽然植物学可以说是诞生于古希腊，但在之后的几个世纪里，这个领域所取得的科学进步都源自中东。

上图　狄奥菲拉克图斯是最早把植物学作为一门学术学科的学者之一

右图　迪奥斯科里季斯在 50—70 年撰写了《药物论》。这是其手稿中的一页，描绘了一位物理学家正在准备长生不老药

فاذا برد العصير فصفه فهذا الشراب موافق لوجع الحلق والجنب والرئتين

والاسر والراقف ولمن به بلغم غليظ في حلقه يصفي اللون ويكثر النوم

ويبست له غايله موافق للمثانه والكلا

صنعة شراب للزكام والسعال

وورم البطن واسترخا المعده خذ مر ربع اوقيه واصول سوسن ثمن اوقيه

وفلفل ابيض ربع ثمن اوقيه دقه جميعا واربطه بخرقه واجعله في ثلثه اقساط شراب

طيب واتركه ثلثه ايام ثم صفه وارفعه في اناء نظيف اشرب منه بعد العشا

后古典时代的植物学

和我们之前所谈到的其他科学领域的模式一样，在后古典时代，植物科学在欧洲没落，却在伊斯兰世界繁荣发展。8—13 世纪，随着新物种和技术沿着新兴贸易路线传播，伊斯兰世界对农业的科学认识也迅速增加。因为地理优势，来自遥远的非洲、中国和印度的作物和技术得以在整个伊斯兰地区传播，伊斯兰世界经历了自己的农业革命。自此，灌溉和机械化劳作的进步带来了生产的提高、经济的繁荣和人口的增长。

13 世纪，学者伊本·贝塔尔脱颖而出，成为伊斯兰世界最著名的植物学家。伊本·贝塔尔来自西班牙，因其关于世界上大部分地区的植物的渊博知识而为人所铭记。他是苏丹·卡米尔的首席草药医生，曾到访过欧洲、北非和中东的大部分地区。

你知道吗?

肥沃新月覆盖了许多国家，如现在的土耳其、叙利亚、黎巴嫩、约旦、巴勒斯坦、以色列、伊拉克、科威特、埃及、塞浦路斯和伊朗。

下图　肥沃新月，位于底格里斯河和幼发拉底河之间，是最早的农业区之一

因此，他的药用植物著作《药食汇编》厚达900多页，描述了约1400种植物。虽然这本著作的大部分内容都是对早期学者们的著作的汇编，但其中也有很多原创性贡献。这本文献还涉及化学领域，并对如何使用植物材料制造油和香水给出指导。但这本著作里最重要的内容却是贝塔尔的科学方法，即以经验论和实验作为其研究的核心。贝塔尔的著作成为科学方法被最早应用于植物学的实例之一。

在这个时期，欧洲的植物科学虽并未完全停滞，但发展缓慢。12世纪，德国修道院院长希尔德加德·冯·宾根在这个领域做出了很大的贡献。她建立了一套关于药用植物的整体理论，认为植物和人类生活紧密相关且不可分割。13世纪，德国修士和主教大阿尔伯特出版了七卷本的植物学著作。后古典时代远称不上是科学的黑暗时代，因为它的确见证了植物科学的进步。伊斯兰世界的科学发展和农业进步、贸易路线的繁荣，以及植物药用价值的研究都要归功于植物科学的进步，这也为植物学在后来的几个世纪成为一门独立的学科奠定了坚实的基础。

左图　伊本·贝塔尔是著名的植物学家，也是植物科学的标志性人物

名人录——希尔德加德·冯·宾根

博学而有远见的修女希尔德加德·冯·宾根有着不平凡的一生。她于1098年出生在德国。还是个孩子的时候，就被父母送入教堂当修女——这成为她此后奉献终生的职业。因做事全情投入，心无旁骛，冯·宾根在教会获得了成功。她平步青云，最终成为天主教会分支的圣徒。

除了她的宗教地位，冯·宾根还是一位卓有成就的草药专家和医学权威人士。其中主要的原因是在她那个年代，宗教团体还肩负着照顾病患的责任，所以，冯·宾根在疾病的诊断和治疗方面经验丰富。此外，她对医学的精通还归因于她负责管理修道院的药草花园，以及在修道院的图书馆阅读了大量书籍。在这里，冯·宾根获得了惊人的植物学知识，更借此成了一名治疗师。她认为，自然界的一切事物都为人类而存在，因此，她把植物看作医学药剂的主要来源。冯·宾根把自己关于植物和医学的科学知识记录成书，并对植物进行了分类和治疗用途的说明，这奠定了她关于人体和自然紧密相关的理论的基础。

如今，冯·宾根被认为是中世纪最有成就的女思想家。她把植物学和医学结合起来，并说明了在中世纪的欧洲，植物学作为治疗工具的重要性。在那个时代，女性的科学贡献通常会被无视或否定，因此，希尔德加德·冯·宾根勇于表达的决心是非常值得尊敬的。

下图　颇具影响力的哲学家希尔德加德·冯·宾根

现代植物学之路

15 世纪印刷机的改进给植物学带来了显著影响。在欧洲，关于植物的书（“草本书”）大量出版。这些书阐明了各种植物的药用价值，并附有对新物种的观察、详细描述和图解。随着时间的推移，有些草本书更加关注植物本身，而不是其药用价值。17 世纪，草本书演化为“植物志”（即植物的学术研究），并通常和存于植物标本馆的实物标本配套。这些文献展示了植物学和医学从长期混合到逐渐分离的过程。学者们开始为了植物本身而研究植物，就像狄奥菲拉克图斯在许多世纪以前所做的那样。最终，植物学变成了一门独立的学科。

下图　位于意大利蒙特卡西诺山的修道院和植物园，由圣本尼迪克特于 6 世纪建立。在这里，修女们可以种植植物用作药物、药膏和补品的原料

在欧洲文艺复兴时期，随着贸易、旅游和植物园的流行，人们对植物新物种越来越好奇，学者们对植物学研究的兴趣也增长了。16 世纪末复式显微镜的发明揭开了植物学的新篇章。在此之前，植物学家们都是依赖自己眼睛所观察到的东西，而现在，他们可以深入研究植物的显微结构。1665 年，英国博学家罗伯特·胡克出版了《显微图》，里面都是显微镜镜头下物体的略图。胡克的图志是对自然界前所未有的洞察，披露了常见生物，如苍蝇的翅膀和跳蚤，背后极其细微的复杂面。胡克还在书中讲述了他的植物组织研究。透过显微镜，他第一次观察到了软木薄片上的小孔，并称之为“细胞”，这一说法沿用至今。他还观察到了活的植物细胞含有的其他物质，如液。胡克的图志为植物解剖学在 17 世纪的发展奠定了基础。植物解剖学探索植物的内在结构，并在微观层面上观察植物的特性。18 世纪中叶，植物学的另一个子学科——植物生理学出现了。这个学科关注发生在植物内部的生物学过程，如呼吸作用和光合作用。

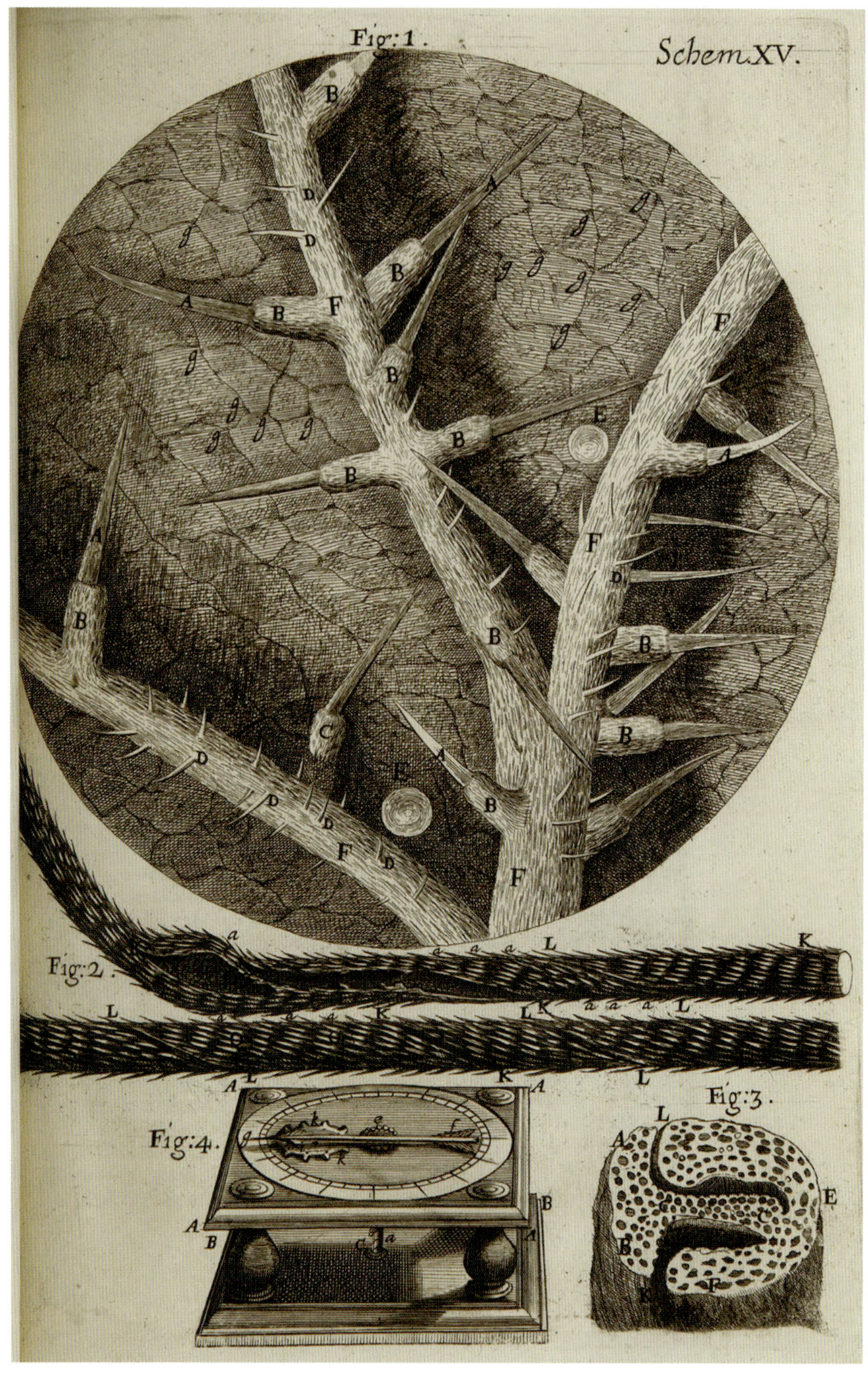

上图 罗伯特·胡克《显微图》中的一幅插图。《显微图》是关于通过显微镜观察微小物体的研究，首次出版于 1665 年，提供了对自然界前所未有的洞察

你知道吗?

植物园是种植和培育各种植物的场所，是“标本园”的一部分。植物园在科学界有着一段悠久的历史。虽然现在许多植物园都免费向公众开放，但最初，它是专门用于辅助大学的医学研究的。

随着植物学家们对植物的了解越来越多，在世界上发现的物种也越来越多，植物的整理和分类系统日益烦琐而复杂。由于植物学家们使用的系统各不相同，一个物种可能会有许多不同的名字，这给植物学家们总结和分享信息带来了困难。1753 年，这一切都改变了。这一年，瑞典博物学家卡尔·林耐出版了一本著作，确立了植物分类的现代方法。林耐的系统通过源自拉丁语的属名和种名来命名植物。例如，英国薰衣草是薰衣草属薰衣草种。这样一来，植物学家们就可以利用这个清晰的系统来对植物进行分类和研究。

下图　穿着拉普兰服装的瑞典博物学家卡尔·林耐（左）和遗传学家格雷戈·孟德尔

19 世纪，植物学研究继续发展，开始和科学研究的其他领域互相结合，如查尔斯·达尔文的进化研究、格雷戈·孟德尔的遗传调查和亚历山大·冯·洪堡的地理著作（详见第 62 页）。19 世纪末，植物学终于发展成了一个广泛而多面的学科，涉及科学的诸多不同领域。

我们对植物学的研究取得了很大进展，与此同时，和我们的祖先一样，我们的存在仍与植物紧密相关。20 世纪和 21 世纪，植物学研究的数量有所增加，范围也有所扩展，这得益于科学家们仍继续探索着植物的复杂性及其在人类生活中的应用。植物仍然是人类健康的基础，支撑着抗生素和其他重要医学的发展，现在的科学家们也仍会在实验室中使用植物来进行实验。我们也仍将植物作为我们的食物，而植物遗传学的新发现则能够帮助缺乏或没有可靠食物来源的地区的人们吃得有营养。此外，因为气候变化的缘故，植物学知识将在未来成为维护全球食物安全和脆弱生态系统的基础。

最终，和我们新石器时代的祖先一样，现在的我们仍和食物紧密联系在一起。也和他们一样，我们离完全了解地球上的植物还有很长的一段路要走。不同的是，植物学不再仅仅是物种观察或者草药治疗的整理，而是已经发展成了一个庞大的领域，被应用于人类生活的关键方面。作为一种动物物种，我们的命运和植物的命运紧密相关，在全球极端天气越来越频发的今天，了解植物及其应用可能比以往任何时候都重要。

植物育种

当你从玉米棒上咬下一大口鲜脆的玉米时，你品尝的是人类几个世纪以来育种和发展的成果。在过去的几千年里，人们一直在小心地挑选玉米最理想的特性，如大小、味道和便利性，以培育出如今出现在我们餐盘里的玉米。这个过程始于我们祖先对他们收获的作物的观察和实验。

在新石器时代以前，游牧民们只能采集和食用长在树上和灌木丛中的野果。在开始定居之后，人们才有时间培育作物，如小麦和大麦。虽然首批农民已经开始种植和收割野外自然生长的作物，但后来他们发现，如果能选择性地种植作物，就能获得更多的食物。

虽然现在，植物育种技术已经相当先进，但在新石器时代，人类根本不懂得遗传学，直到几千年之后，格雷戈·孟德尔和查尔斯·达尔文才先后开始植物遗传实验。不过，经过反复观察，这些农民也会发现，如果他们持续种植高产作物的种子，那么收获的作物

上图　人类花费了数千年的时间才培育出现代农作物

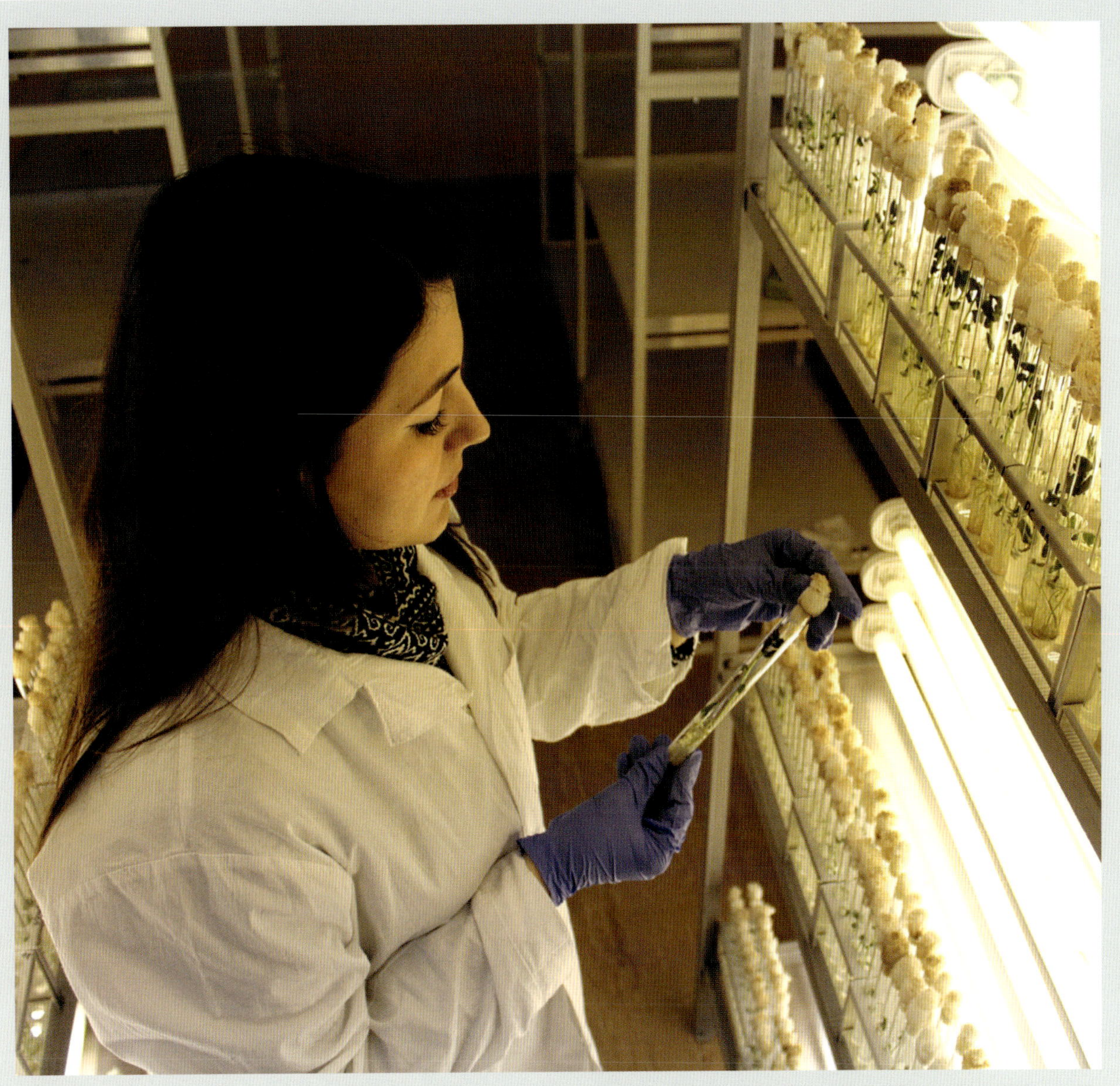

质量就会慢慢提高。因此，早期的农民每年都会选择最大、最健康和最可靠的作物种子种植，从而收获更大、更健康和更可靠的植物，直到最后完全驯化这些植物。

如今，植物育种涉及更多的不是人为控制不同品种的杂交过程，就是直接改变品种的遗传基因来提高所需的特性。但是，如果没有新石器时代农民的观察，我们就不会拥有这些捷径。虽然他们并没有想着成为植物育种家，但因为他们天生拥有好奇心，愿意做实验，并努力在恶劣的环境里活下来，所以他们开始了植物育种的过程，从而奠定了现代农业的基础。

上图　现代的植物育种技术非常先进

第三部分

近代早期

15—18 世纪

近代早期是一个日新月异的时代，每天都在发展和变化。在约 400 年的时间里，欧洲先后经历了文艺复兴、宗教改革、科学革命和启蒙运动。

这个时代的主要特征之一就是全球化。那时，探险成为欧洲国家的一种政治需求，从而创造了许多远洋航行和跨文化接触的机会。欧洲国家在新发现的美洲大陆上建立了殖民地，还在东南亚和南非建立了前哨站，开辟了新的贸易路线。另外，欧洲旧大陆和美洲新大陆之间的食物、产品和奴隶交易也使一些西欧国家变得更加强大和富有。

近代早期也是科学界的成长时期。随着古希腊和古罗马古典思想家们的著作从伊斯兰世界传入欧洲，科学界经历了一场复兴。与此同时，人们对科学的态度也开始转变，甚至比以往任何时候都更加重视追求知识的价值，坚固的思想基础和良好的社会氛围给予了科学研究更多的支持。

随着人们对科学和研究日益关注，科学方法顺理成章地正式确立下来，并在近代早期得到广泛应用，使科学取得了巨大进步。与此同时，宗教的权威性开始慢慢减弱，人们对科学和证据的信赖不断增长。在 16—17 世纪的科学革命中，我们可以看到更大范围的变化及其影响。在这个时期，思想家们建立了关于自然和宇宙自然法则的新理论，将人类历史带入一个更现代的阶段。

在这些因素的共同作用下，好奇和探险在近代早期得以蓬勃发展。毫无疑问，只要有好奇，知识和理解就会不日而来。

左图　在亨利·泰斯特兰的这幅画中，科学院的成员在 1667 年被引荐给路易十四

第七章　解剖学

解剖学是智慧的海洋，只有真正的医生可航行于上。
——外科医生约翰·厄·林克

解剖学家们研究的是身体不同部位的结构及其相互之间的关系。在历史上，这项研究进展得并不顺利，一直都充斥着迷信和禁忌。在X射线和显微镜发明之前，以及科学家们从文化实践方面接受解剖和解剖学实验之前，我们的身体对我们来说就是一个谜团。在过去的几百年里，人们对解剖学的保守态度不仅滋生了在人体结构和生理方面的无知，也导致了错误教条的确立。幸运的是，人类的好奇精神最终占了上风，在近代早期引发了一场解剖学的认知革命。在随后的几年里，人们对解剖学的了解越来越深，科学家们获得了新的疾病信息，研发出了更有效的药物，还探索了造就人类生命的复杂进程和结构。

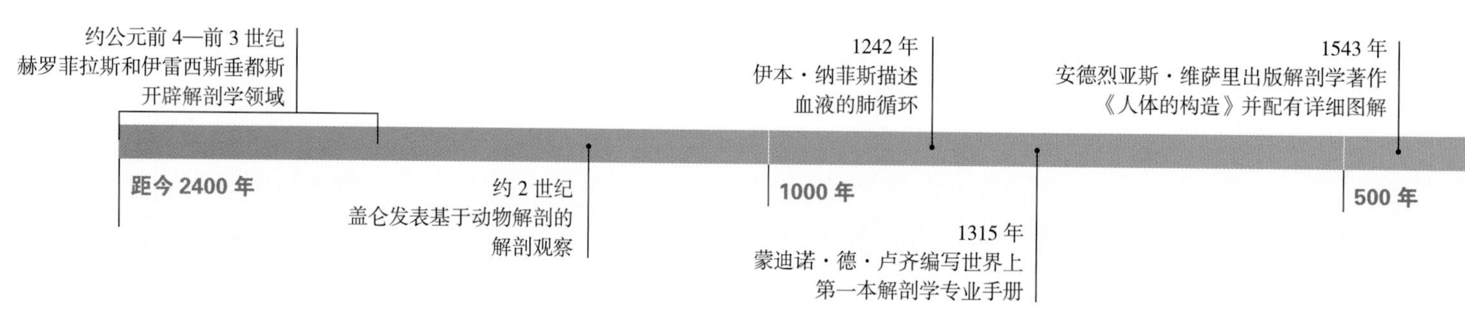

上图　这幅木版画描绘的是开辟了解剖学领域的亚历山大医生赫罗菲拉斯和伊雷西斯垂都斯

1628 年
廉·哈维首次证实动物体内的血液循环现象，并阐明心脏在其中的作用

1819 年
勒内·拉埃内克创制听诊器

1829 年
消色差透镜的发明促进显微解剖学的发展

1839 年
特奥多尔·施旺和马蒂亚斯·雅各布·施莱登共同奠定细胞学说的基础

1972 年
计算机断层扫描术（CT）的发明使活体器官研究成为可能

50 年

解剖学的根源

已知最早的解剖学研究可追溯到古埃及，那是一个以先进的医学知识而闻名的文明。埃德温·史密斯纸草文稿（详见第 26 页）写于约公元前 1600 年，含有许多关于心脏、血管和其他内脏的信息。但是，埃及人并没有继续对解剖学进行系统研究，这是因为他们研究解剖学的目的是帮助进行医学诊断和治疗，所以他们取得的知识是有限的。

几个世纪以后，埃及的首都亚历山大成为解剖学和生理学的学习中心。此时，国家的统治者是希腊人。虽然希腊一直禁止解剖，但公元前 4—前 3 世纪，希腊暂时取消了这项禁令。也正是在这个窗口期，亚历山大的医生赫罗菲拉斯和伊雷西斯垂都斯开辟了解剖

>> 生理学研究的是生物体的运作方式。<<

学领域。在通过解剖人体研究人体解剖学时，他们迅速获得了之前仅通过动物解剖和推测而无法收集的知识。这两位学者确定了大脑是神经系统的中心，研究了心脏的结构和功能，并阐明了一些复杂的生物进程。不幸的是，尽管有过这么一个短暂的启蒙时期，关于人体解剖的禁忌依然存在，而在之后的很多个世纪里，人体解剖学也一直停滞不前。

下图　公元前 3 世纪，埃及的首都亚历山大成为解剖学和生理学的中心。这座城市吸引了一些当时最伟大的人物到其博物馆和图书馆工作

下一个重大进步多亏了医生兼哲学家盖仑。2世纪，当盖仑在罗马进行研究时，他被禁止解剖人体，因此，他的很多研究都基于动物解剖，如猪和猴子。虽然资源有限，盖仑还是取得了显著进展。他发现了关于肾脏、膀胱和呼吸系统的新知识。

另外，通过在猪身上进行实验，盖仑了解到大脑在控制肌肉和运动方面的重要性，从而确立了对神经系统的早期认识。他还弄清了动脉的运作方式以及动、静脉之间的区别。

然而，盖仑使用的是动物标本，这意味着他的人体理论难以避免地会有很多错误，因为他在某些方面错误地把人体生物学和动物生物学等同起来。

在盖仑死后的几个世纪里，他在中世纪的阿拉伯世界和欧洲一直都是一个受人尊敬和富有影响力的人物，他的学说也被奉为信条。人们仅从字面上去理解盖仑的大部分理论，没有意识到他的方法和结论中的缺陷。实际上，直到1000多年后，人们

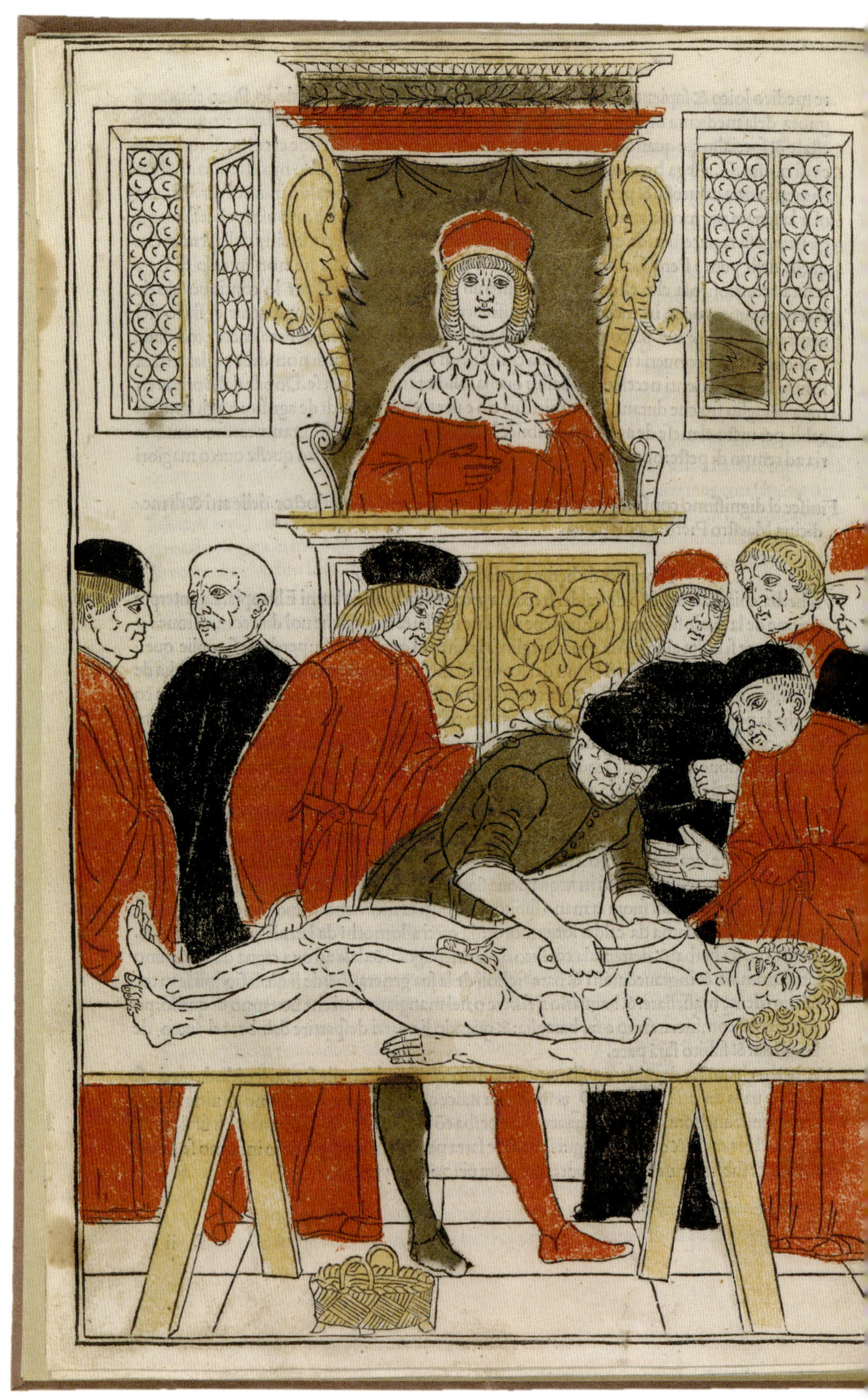

才开始质疑盖仑的一些错误理论。当然，没有质疑，知识就无法增长，解剖学思想的发展也会停滞不前。后来，通过中世纪伊斯兰学者们的著作和欧洲文艺复兴，解剖学再次繁荣起来。

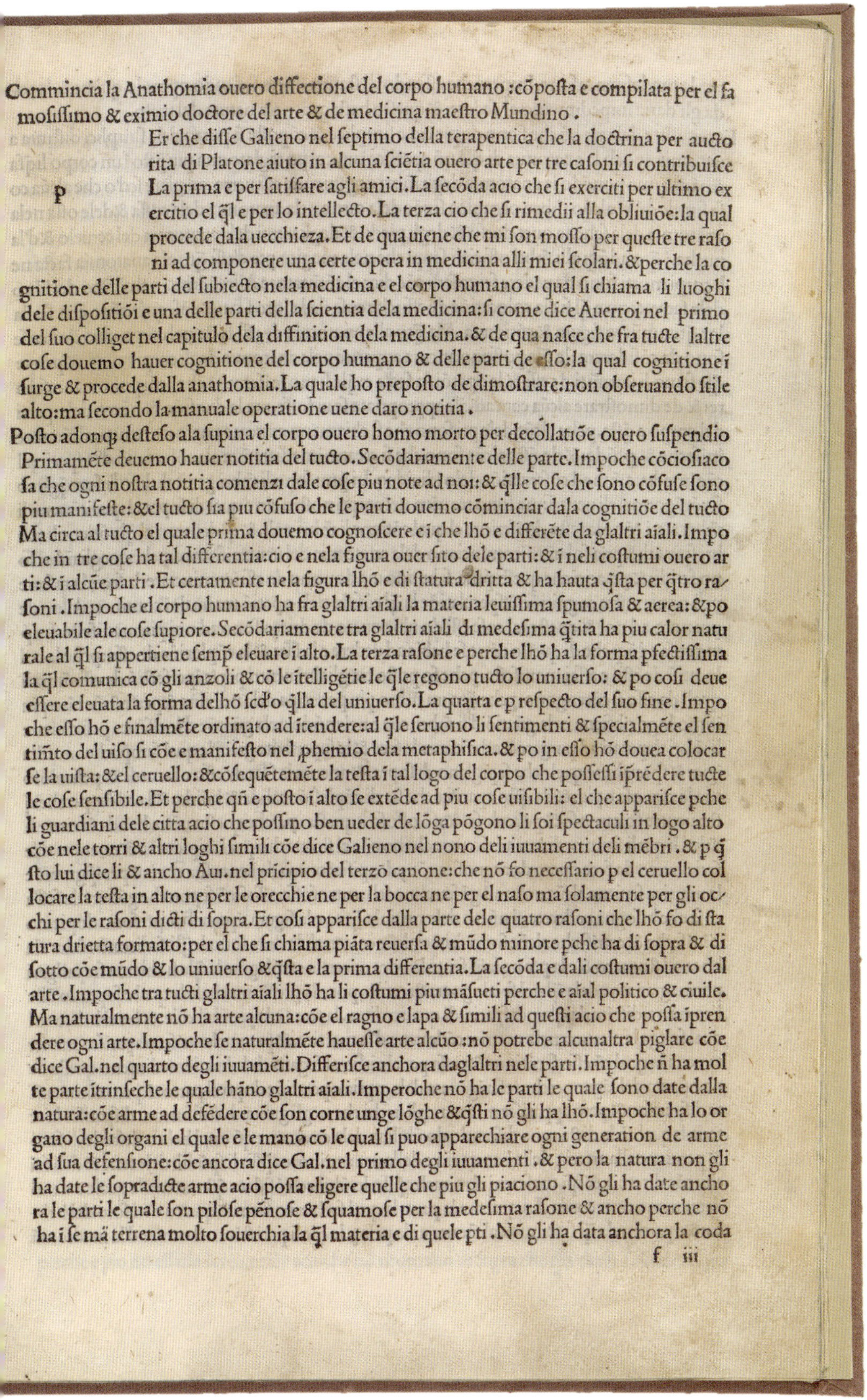

Commincia la Anathomia ouero diffectione del corpo humano :cõpoſta e compilata per el fa
moſiſſimo & eximio doctore del arte & de medicina maeſtro Mundino .

Er che diſſe Galieno nel ſeptimo della terapentica che la doctrina per aucto
rita di Platone aiuto in alcuna ſciẽtia ouero arte per tre caſoni ſi contribuiſce
La prima e per ſatiſfare agli amici. La ſecõda acio che ſi exerciti per ultimo ex
ercitio el q̃l e per lo intellecto. La terza cio che ſi rimedii alla obliuiõe: la qual
procede dala uecchieza. Et de qua uiene che mi ſon moſſo per queſte tre raſo
ni ad componere una certe opera in medicina alli miei ſcolari. &perche la co
gnitione delle parti del ſubiecto nela medicina e el corpo humano el qual ſi chiama li luoghi
dele diſpoſitiõi e una delle parti della ſcientia dela medicina: ſi come dice Auerroi nel primo
del ſuo colliget nel capitulo dela diffinition dela medicina. & de qua naſce che fra tucte laltre
coſe douemo hauer cognitione del corpo humano & delle parti de eſſo: la qual cognitione ĩ
ſurge & procede dalla anathomia. La quale ho prepoſto de dimoſtrare: non obſeruando ſtile
alto: ma ſecondo la manuale operatione uene daro notitia.

Poſto adonq; deſteſo ala ſupina el corpo ouero homo morto per decollatiõe ouero ſuſpendio
Primamẽte deuemo hauer notitia del tucto. Secõdariamente delle parte. Impoche cõciosiaco
ſa che ogni noſtra notitia comenzi dale coſe piu note ad noi: & q̃lle coſe che ſono cõfuſe ſono
piu manifeſte: &el tucto ſia piu cõfuſo che le parti douemo cõminciar dala cognitiõe del tucto
Ma circa al tucto el quale prima douemo cognoſcere e ĩ che lhõ e differẽte da glaltri aĩali. Impo
che in tre coſe ha tal differentia: cio e nela figura ouer ſito dele parti: & ĩ neli coſtumi ouero ar
ti: & ĩ alcũe parti. Et certamente nela figura lhõ e di ſtatura dritta & ha hauta q̃ſta per q̃tro ra/
ſoni. Impoche el corpo humano ha fra glaltri aĩali la materia leuiſſima ſpumoſa & aerea: &po
eleuabile ale coſe ſupiore. Secõdariamente tra glaltri aĩali di medeſima q̃tita ha piu calor natu
rale al q̃l ſi appertiene ſemp̃ eleuare ĩ alto. La terza raſone e perche lhõ ha la forma pfectiſſima
la q̃l comunica cõ gli anzoli & cõ le ĩtelligẽtie le q̃le regono tucto lo uniuerſo: & po coſi deue
eſſere eleuata la forma delhõ ſcđo q̃lla del uniuerſo. La quarta e p reſpecto del ſuo fine. Impo
che eſſo hõ e finalmẽte ordinato ad ĩtendere: al q̃le ſeruono li ſentimenti & ſpecialmẽte el ſen
timẽto del uiſo ſi cõe e manifeſto nel ꝓhemio dela metaphiſica. & po in eſſo hõ douea colocar
ſe la uiſta: &el ceruello: &cõſequẽtemẽte la teſta ĩ tal logo del corpo che poſſeſſi ĩprẽdere tucte
le coſe ſenſibile. Et perche qñ e poſto ĩ alto ſe extẽde ad piu coſe uiſibili: el che appariſce pche
li guardiani dele citta acio che poſſino ben ueder de lõga põgono li ſoi ſpectaculi in logo alto
cõe nele torri & altri loghi ſimili cõe dice Galieno nel nono deli iuuamenti deli mẽbri. & p q̃
ſto lui dice li & ancho Aui. nel prĩcipio del terzo canone: che nõ fo neceſſario p el ceruello col
locare la teſta in alto ne per le orecchie ne per la bocca ne per el naſo ma ſolamente per gli oc/
chi per le raſoni dicti di ſopra. Et coſi appariſce dalla parte dele quatro raſoni che lhõ fo di ſta
tura drietta formato: per el che ſi chiama piãta reuerſa & mũdo minore pche ha di ſopra & di
ſotto cõe mũdo & lo uniuerſo &q̃ſta e la prima differentia. La ſecõda e dali coſtumi ouero dal
arte. Impoche tra tucti glaltri aĩali lhõ ha li coſtumi piu mãſueti perche e aĩal politico & ciuile.
Ma naturalmente nõ ha arte alcuna: cõe el ragno e lapa & ſimili ad queſti acio che poſſa ĩpren
dere ogni arte. Impoche ſe naturalmẽte haueſſe arte alcũo: nõ potrebe alcunaltra piglare cõe
dice Gal. nel quarto degli iuuamẽti. Differiſce anchora daglaltri nele parti. Impoche ñ ha mol
te parte ĩtrinſeche le quale hãno glaltri aĩali. Imperoche nõ ha le parti le quale ſono date dalla
natura: cõe arme ad defẽdere cõe ſon corne unge lõghe &q̃ſti nõ gli ha lhõ. Impoche ha lo or
gano degli organi el quale e le mano cõ le qual ſi puo apparechiare ogni generation de arme
ad ſua defenſione: cõe ancora dice Gal. nel primo degli iuuamenti. & pero la natura non gli
ha date le ſopradicte arme acio poſſa eligere quelle che piu gli piaciono. Nõ gli ha date ancho
ra le parti le quale ſon piloſe pẽnoſe & ſquamoſe per la medeſima raſone & ancho perche nõ
ha ĩ ſe mã terrena molto ſouerchia la q̃l materia e di quele pti. Nõ gli ha data anchora la coda

f iii

左图 《医学汇编》（1493），解剖学著作。克劳迪斯·盖仑（129—200）是古希腊最杰出的医生。他的结论完全基于动物研究。在文艺复兴之前的1000多年里，他在人类解剖学理论中的错误一直主导并影响着医学科学

近代早期解剖学

在古希腊和古罗马时期之后，解剖学经历了多年的停滞。这是因为学者们没有直接进行人体解剖，还只是学习以前的解剖学知识，从而使错误理论流传了好几百年。

尽管如此，解剖学还是取得了一定的进步。13 世纪，叙利亚－阿拉伯医生伊本·纳菲斯成功地描述了血液的肺循环，由此对盖仑的一些关键断言提出了疑问。伊本·纳菲斯发现，血液通过肺部，而不是盖仑所说的隐形孔隙从右向左流经心脏。他还建立了毛细血管存在的理论，并证明了动脉的扩张和收缩。在伊本·纳菲斯的有生之年，他的天分并未在欧洲获得广泛认可。直到 20 世纪初，他的著作才被重新发现，人

名人录——伊本·纳菲斯

伊本·纳菲斯于 1213 年出生在叙利亚，生活于伊斯兰黄金时代的最后几年。16 岁时，他开始在大马士革研究医学。之后，他搬去埃及，在那里度过了大半生。伊本·纳菲斯是博学家，这是那个先进时代造就的。他在很多领域都做出了贡献，如哲学、神学和法律、心理学、医学和眼科学。

伊本·纳菲斯从年轻时就开始撰写他的综合性著作《医学全书》。这部关于伊斯兰医学的医学知识百科全书共 80 卷。伊本·纳菲斯本想写至 300 卷，但最终未能如愿。即便如此，这部著作仍是至今仅由一位学者撰写的最全面的医学文献之一。

29 岁时，伊本·纳菲斯发表了他的血液的肺循环理论，挑战了备受尊敬的盖仑和伊斯兰学者伊本·西拿（详见第 32 页）的权威。伊本·纳菲斯这种敢于质疑当时已被普遍接受的知识的行为使伊斯兰医学研究远远超过了中世纪的欧洲传统。

人们对伊本·纳菲斯的著作是否传播到了伊斯兰世界以外的地方、他的著作是否影响了其他思想家，如在几百年后发表了自己的肺循环理论的威廉·哈维等问题都尚有争议。但可以肯定的是，在长达几个世纪里，伊本·纳菲斯对科学的贡献都未在西方被广泛认可。直到 20 世纪初，在他的作品重见天日之后，伊本·纳菲斯才被正名为那个年代最伟大的生理学家之一，以及解剖学领域的巨人。

上图　伊本·纳菲斯的著作

们才终于意识到他对解剖学的贡献。

虽然伊本·纳菲斯对心脏有着深刻了解，但他声称从未进行过人体解剖。在他有生之年，伊斯兰世界和世界上的其他很多地方都禁止人体解剖。这些禁令在从古希腊和古罗马时期到文艺复兴的几个世纪里一直存在，所以虽然系统的解剖非常罕见，但也不是完全没有。14 世纪初，意大利医生和教授蒙迪诺·德·卢齐就根据自己的解剖经验发表了世界上第一本解剖学专业手册。德·卢齐的著作虽然重复了盖仑在几个世纪以前就做出的错误假设，但仍非常重要，因为这本手册重新引用了系统解剖实践的概念来支持解剖学的研究。

但是，在解剖学的复兴之路上，真正的转折点出现于 1543 年，以安德烈亚斯·维萨里出版《人体的构造》为标志。维萨里是一位佛兰德医生和教授，被誉为“现代解剖学之父”。他的开创性著作均附有精美的插图，内容为乡野背景下没有皮肤的人体，裸露着错综复杂的肌肉和内脏。维萨里解剖过人体，这对当时的解剖学家们来说是非常罕见的，因此，大量的亲身经验使他发现了盖仑理论里的一些错误。他证明了人类的下巴由一块骨头组成，而不是盖仑所宣称的两块。他还证明了人类大脑底部的血管网络与猪、羊和牛的不同。

因为大多数学者都普遍认可盖仑的权威性，所以在发表自己的著作之后，维萨里遭受了不少迫害。但他仍鼓励他的学生亲自进行解剖并直接检验他的理论，而不是接受他或盖仑的说法。如此一来，越来越多的人证实了维萨里理论的正确性。这是一个翻天覆地的转变，即解剖学开始掌握在新一代科学家们的手里，他们开始使用工具检验真理。

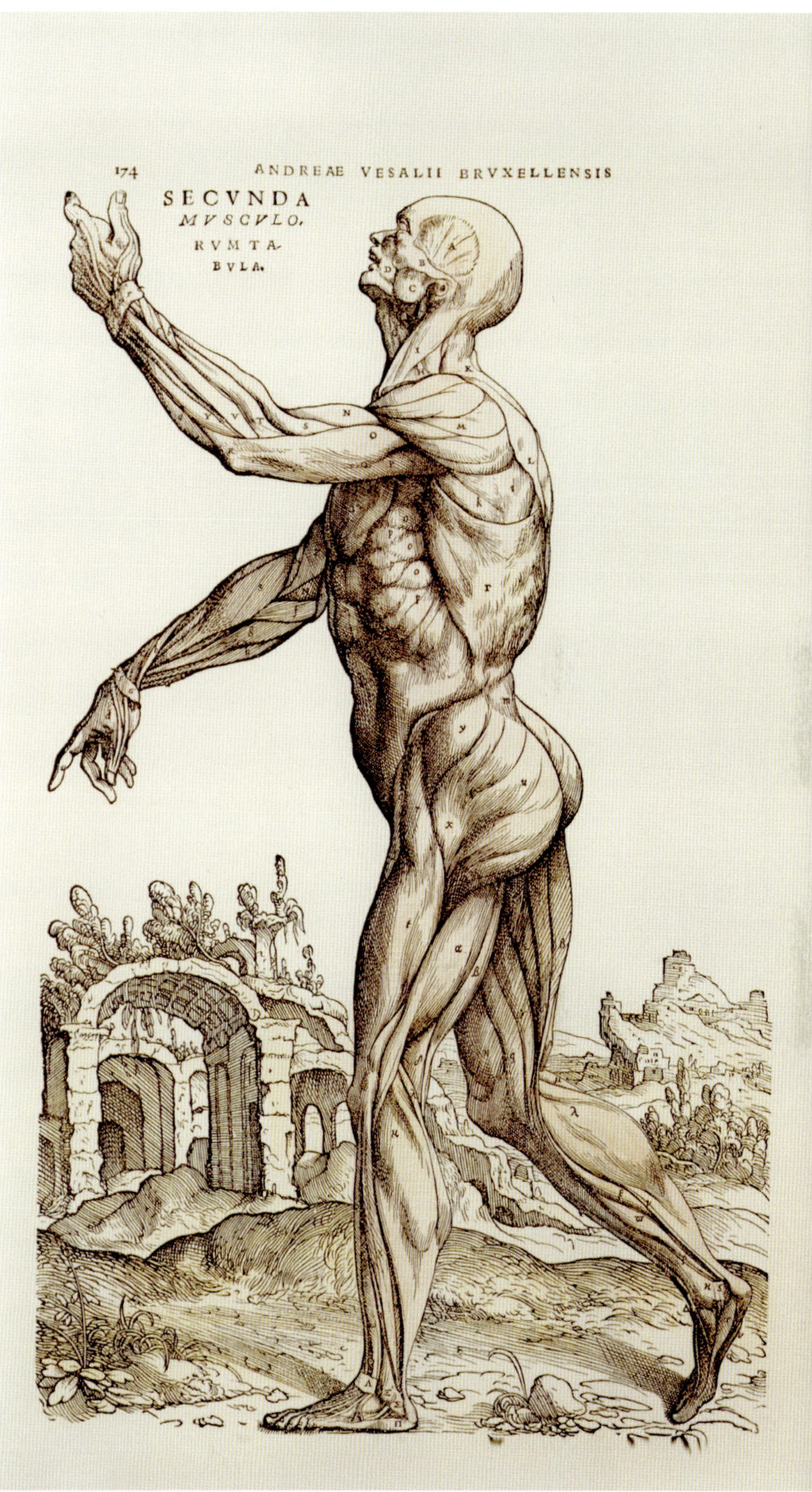

上图　维萨里用他的艺术视觉改革了解剖学

科学革命

在近代早期（约从15世纪末到18世纪末），欧洲的科学思想经历了一场变革，带来了新时代的曙光。在科学革命末期，就像我们所知道的那样，现代科学成了一套学科。在此期间，科学代替宗教，成为获取关于世界的知识的公认基础，而与此同时，科学方法，既追求实验和证据，也使科学独立于哲学。

虽然人们对科学革命的确切日期尚有争议，但许多学者都以尼古拉·哥白尼于1543年出版的《天体运行论》为起点。这部著作挑战了关于宇宙性质的主导信仰系统，并动摇了教堂的霸权。一场关于自然结构和功能的思想变革随之而来。新的科学观点不仅指出了人类并不是神圣宇宙的中心，而且确认了可定量化衡量和了解的基本自然规律的存在。

对科学来说，科学革命不仅具有开创性，而且还极大地改变了更广阔范围内的知性思维。在随后的启蒙时代，哲学、政治和艺术都经历了一场变革。解放、自由、政教分离等思想稳步发展，并最终在法国和美国的革命中达到高潮，致力于理性的科学随之对政治产生了深远的影响。

学者们往往把1687年视为科学革命的高潮，以艾萨克·牛顿出版的《自然哲学的数学原理》为标志。这本文献为古典物理学奠定了基础，并在之后的近300年里启迪着科学思想。在科学革命的末期，科学家们对自然有了崭新的、更深层次的了解，也有了一个清晰的可靠理论的产生流程，以拓展知识。崇尚实验和理性主宰的新时代已然开始，我们所知晓的现代科学发展的基础也已奠定。

右图　杜普医生的解剖学课，荷兰艺术家伦勃朗绘，1632年

下图　与上帝对话的哥白尼

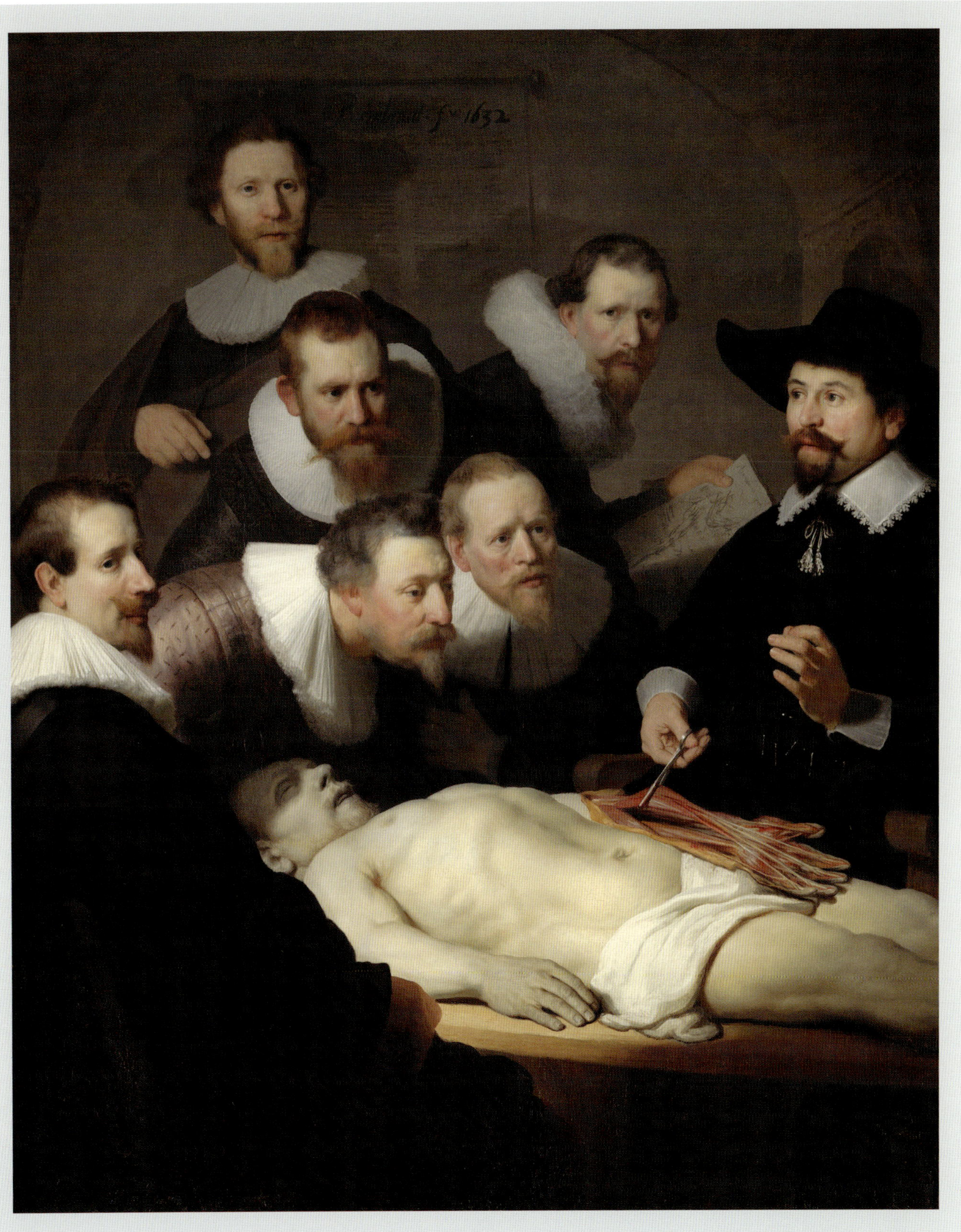

>> 复式显微镜是对单式显微镜（如放大镜或老花镜）的改进。它通过使用两种镜片来创造高度放大的图像。<<

在安德烈亚斯·维萨里去世后仅仅半个世纪里，英国医生威廉·哈维出版了一本书，即《动物心血运动的解剖研究》，其对心脏和循环系统的工作原理进行了全面描述。这部著作的特别之处在于，它是在没有使用显微镜的情况下完成的。实际上，它是对17世纪的复式显微镜的介绍。复式显微镜改变了解剖学的历史进程，因为它使科学家们可以研究那些裸眼看不到的生物结构。荷兰自然哲学家扬·斯瓦默丹和意大利医生马切洛·马尔皮吉等研究者们甚至用复式显微镜拓展了微观解剖学领域。17世纪末，科学家们还发现了毛细血管、血液细胞和其他之前无法看到的生物物质，这预示着解剖学研究将要迎来一个新时代。而解剖学家们则是第一次意识到，竟然还有更深层次的复杂结构在支撑着人类的生命。

左图　英国内科医生威廉·哈维是第一个证实动物体内血液循环的人，图中他正在向查理一世解释鹿的心脏的工作原理

现代解剖学之路

在之后的几年里，日益强大的技术使科学家们能够更加深入地了解错综复杂的身体，解剖学研究在系统性和深度上也都得到了发展。随着解剖学知识的增加，一种以对人体生理的详细了解为基础的更加现代的医学方法开始出现。19 世纪初，听诊器发明者法国医生拉埃内克更加紧密地结合了解剖学和病理学。通过听诊器，拉埃内克将病人胸腔发出的声音和尸检时发现的身体异常联系起来，继而将解剖异常和相应的疾病联系起来，这有助于提出新的解剖学和生理学诊断方法。

下图　法国医生勒内 · 拉埃内克及其听诊器的早期版本。听诊器使医生能够检查病人的心脏和肺部发出的声音

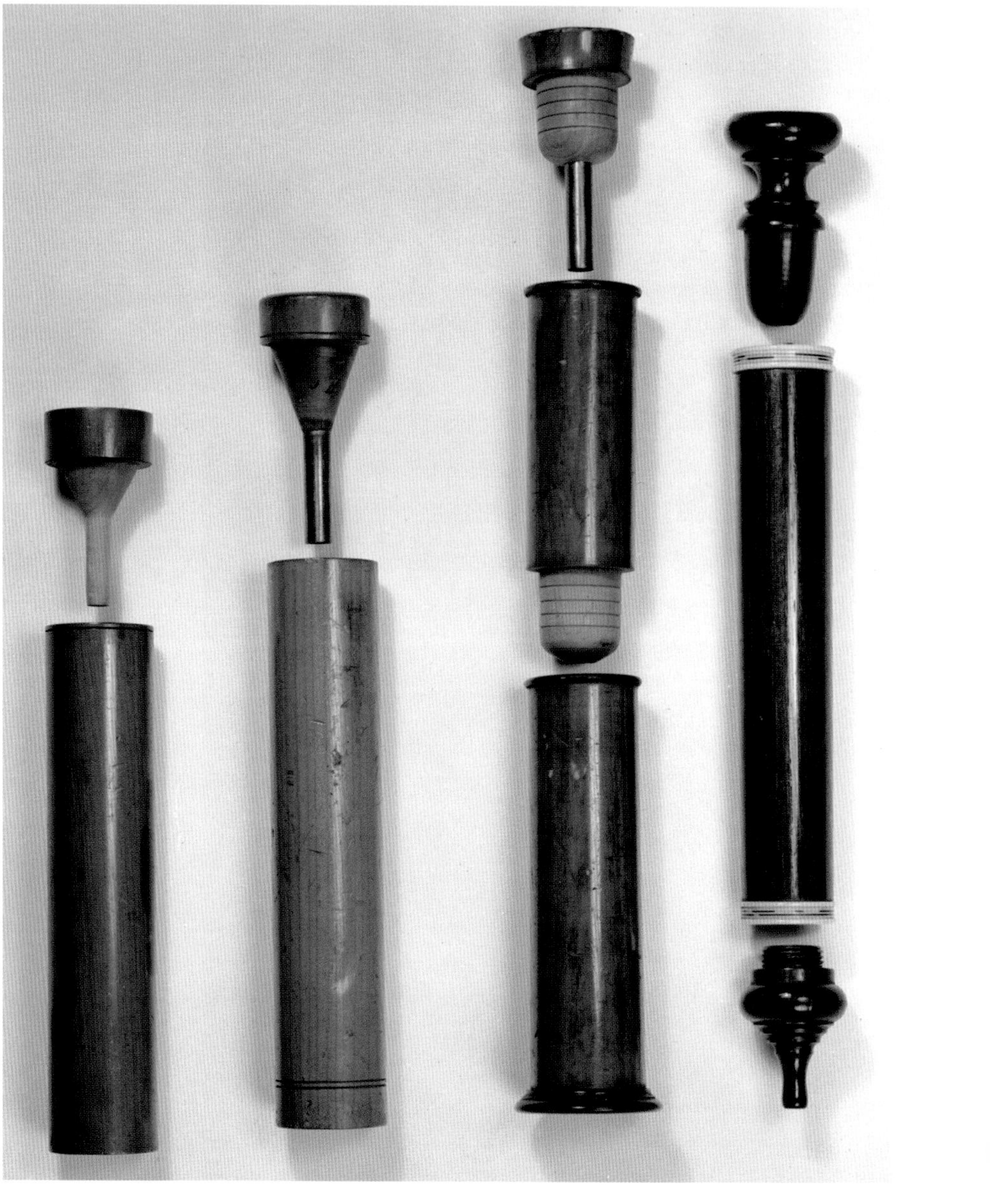

你知道吗?

据报道，勒内·拉埃内克发明听诊器的部分原因是为了避免把耳朵贴到女病人的胸前而产生社交尴尬。

19 世纪 30 年代，消色差透镜的引入极大地提高了显微镜的性能。通过这项先进的技术，德国研究者特奥多尔·施旺和马蒂亚斯·雅各布·施莱登对生物细胞进行了研究，并提出，生物体由细胞组成，细胞是生命的基础单元，并且通过分裂从已存细胞中产生。这一发现为解剖学新时代——一个以研究微小的生命结构为特征的新时代——的来临奠定了更加坚实的基础。随着解剖学进一步向微观领域发展，产生新的研究领域分支，如又名细胞生物科学的细胞学和研究生物组织的微观结构的组织学。

>> 消色差透镜是一种专门用来控制光的波长的透镜，以减少图像的失真和色差。<<

下图 消色差透镜彻底改变了显微镜技术，使科学家们能够进行更加深入的研究

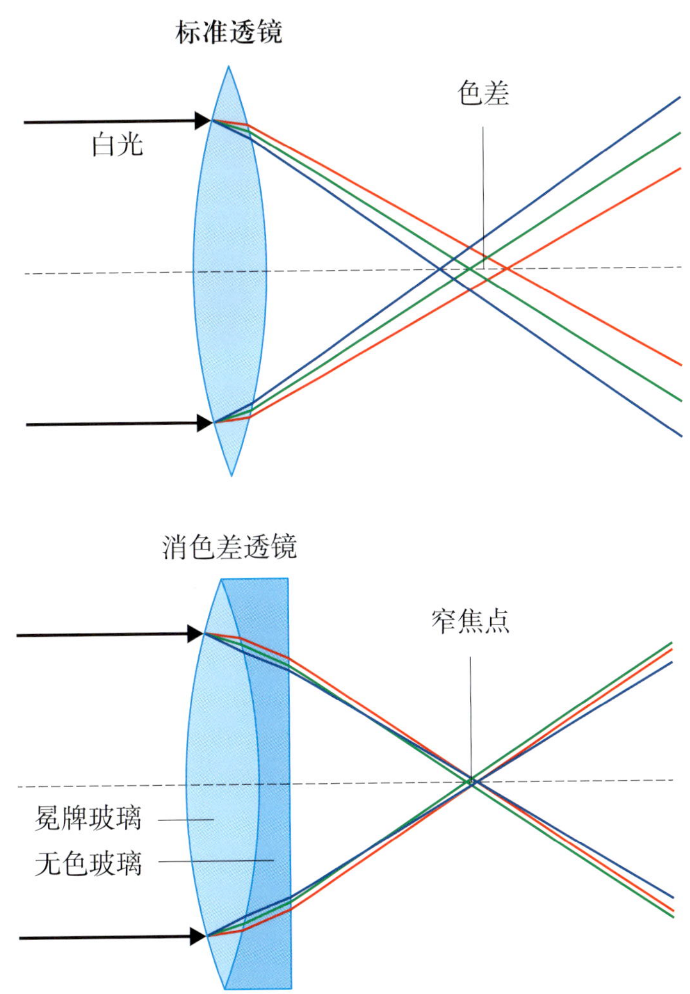

解剖学的进步和技术的发展一直紧密相关。19 世纪末和 20 世纪初，X 射线技术的发明让科学家们能更加了解身体的骸骨构造，而电子显微镜的出现——它使用电子而不是可见光来检查样本——则极大地拓宽了这个领域。从 20 世纪 50 年代开始，这个设备使解剖学家们能够在亚细胞的层面上来研究生物结构。同样地，20 世纪 70 年代，磁共振成像（MRI）仪和计算机断层扫描术（CT）的发明使研究者们能够探索活体器官的解剖。在某种程度上，正是由于这些解剖学家的努力，我们现在才能认识到像 DNA 这样的分子的结构和功能对生命具有重大意义。如今，现代解剖学大都聚焦在微观和亚微观的层面上，解剖学家们也将会通过观察生命的微小组成部分来继续拓展我们关于人体的认识。

解剖学的历史虽然漫长，却也有趣。解剖学备受打压而又重生的故事说明，主动实验和质疑是科学研究的基石。就像维萨里所说，只有直接检验理论，我们才能确定其真假。正是通过这种系统的解剖学研究方法，古往今来的科学家们才帮助我们提高了诊断和医学水平，也使我们能够更好地了解支持生物运作的精细物理结构。

你知道吗?

1858 年，英国解剖学家亨利·格雷为他的学生们出版了一本解剖学手册。后来，这本手册成为解剖学最广为人知的文献，而且时至今日，仍在使用。不幸的是，《格雷的解剖》的作者没能亲眼见证这本书的成功。他在 34 岁时，因给生病的侄子进行治疗而感染了天花，最终英年早逝。

上图、右图　如今，由于技术的进步，现代解剖学大都聚焦于电子显微镜及其揭示的亚显微图像

第八章　天文学

天文学是最古老的科学，是渊博知识的创始者。

——神学家、牧师、新教改革的领军人物马丁·路德（1483—1546）

人类自诞生就一直仰望天空，寻找着关于存在的本质和我们在世界上的位置的答案。天文学是最古老的科学形式，自史前时代开始就在人类社会中占有重要的地位。我们都知道，天文学是关于宇宙和天体的研究，如行星和恒星，但在过去很长的一段时间里，它只是用来预测未来和崇拜神明的工具。这使这个学科在许多古代文化里都深受青睐，并使天文学知识自人类文明的最早期就开始开展。但是，天文学和宗教的紧密联系也扭曲和压抑了科学思想。随着时间的推移，新思想导致了天文学与教会的分裂，也挑战了一种理论，即人类是上帝亲手创造的完美有序宇宙的中心。

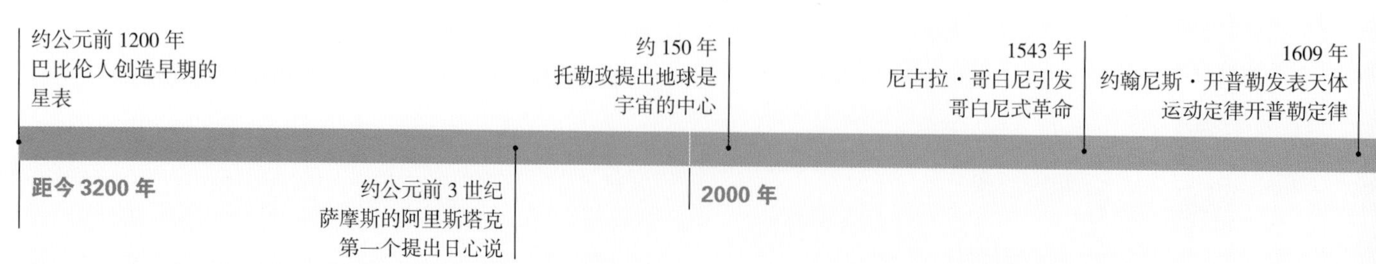

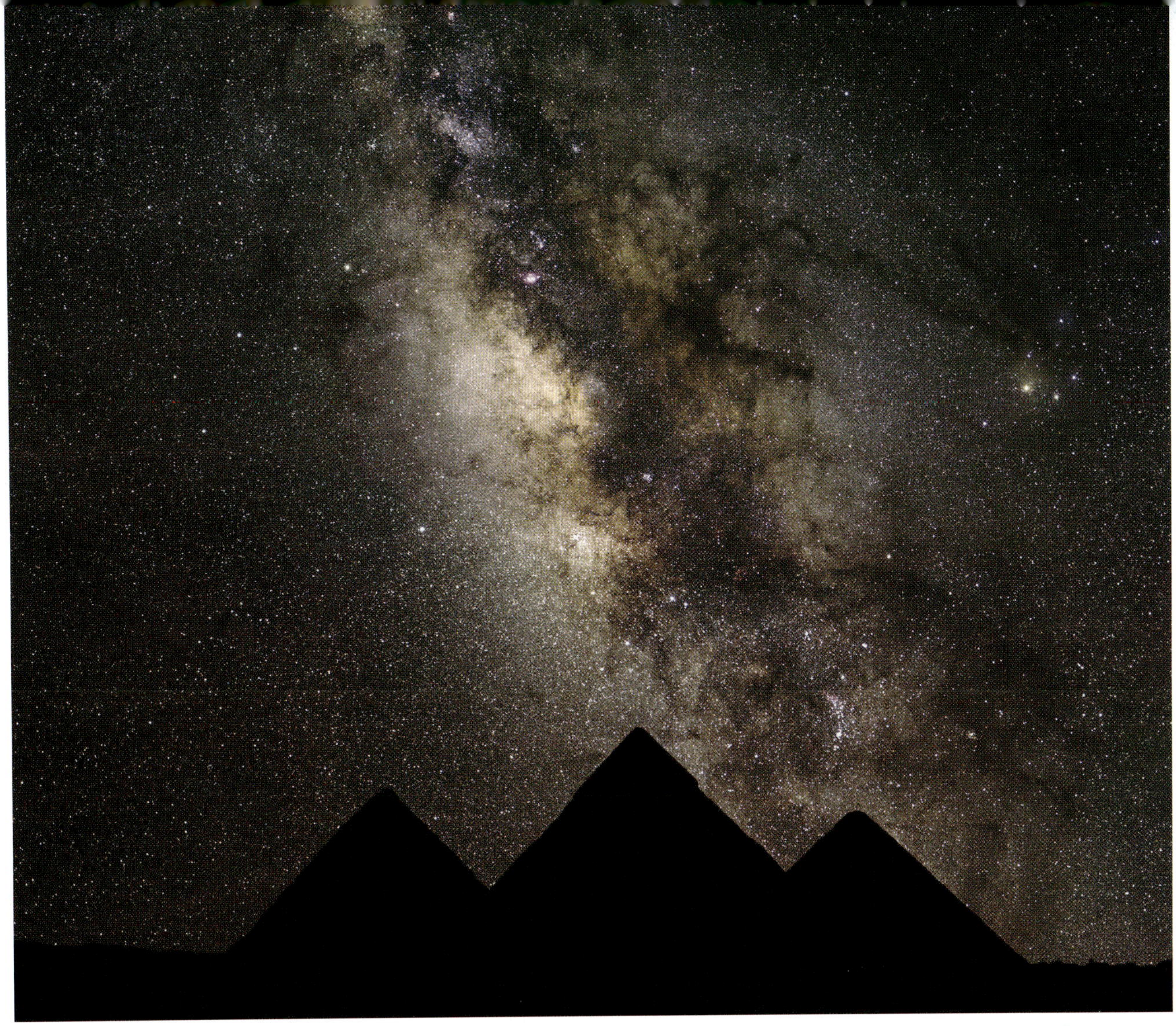

上图　天文学自史前时代开始就在人类生活中占有重要的地位

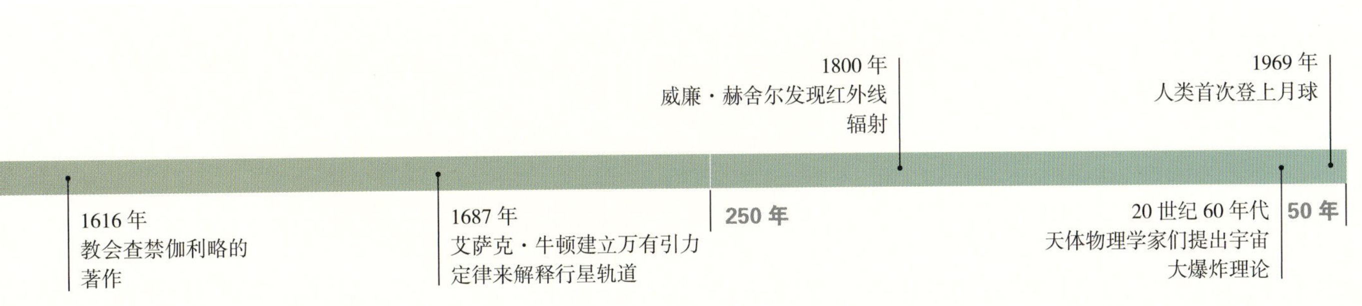

你知道吗？

金字塔与北极星呈直线排列，这体现了古埃及人对天文思想的崇敬。

也许，有人会不由自主地想，由于天文学关注的是广袤无垠的宇宙的细节，这会使天空失去一些神秘和魔幻。而在某种程度上，事实则完全相反，因为通过天文学的系统研究，我们知道了宇宙远比我们祖先想象的更加广阔、复杂和神奇。

下图　巴比伦人对恒星特别感兴趣，这点可从这块刻有占星术的石碑上得到证明

天文学的根源

几千年来，人类一直都在有条不紊地观察着宇宙。我们现在已知的最早的天文学实例可追溯到古代的美索不达米亚。约公元前1200年，巴比伦人创造了星表。他们认为，天文现象的发生具有周期性，因此，人们可以精确地预测。巴比伦人把他们的观察分别刻在了70块石碑上，这些石碑被统称为"埃努玛·阿努·恩利尔"，上面记录了各种天文现象、预兆和神秘预言。这个文献影响了之后的文明，如古希腊。古希腊学者们把几何原理应用到了天文学研究中，并采用一种更加科学的方法来研究恒星。

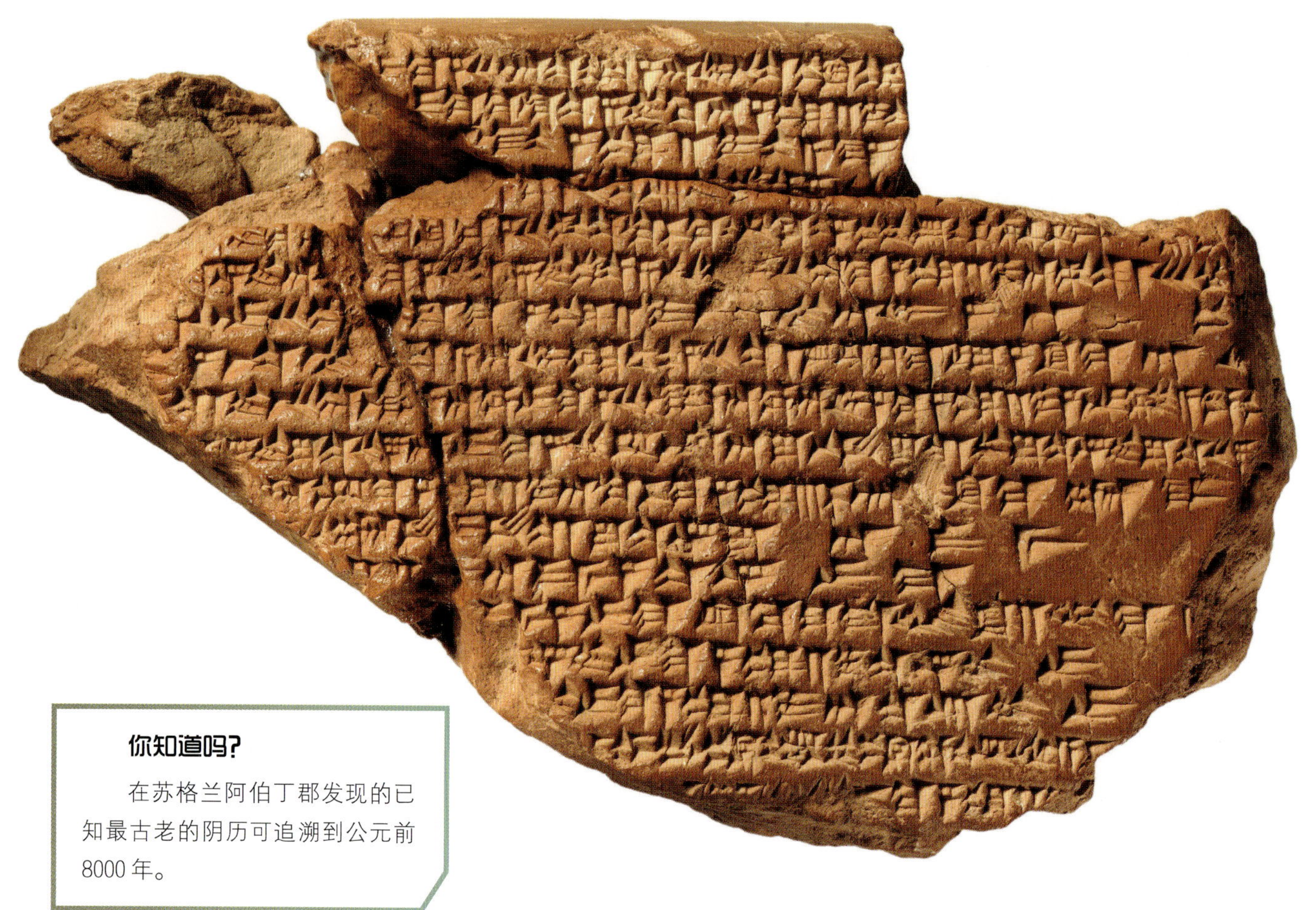

你知道吗？

在苏格兰阿伯丁郡发现的已知最古老的阴历可追溯到公元前8000年。

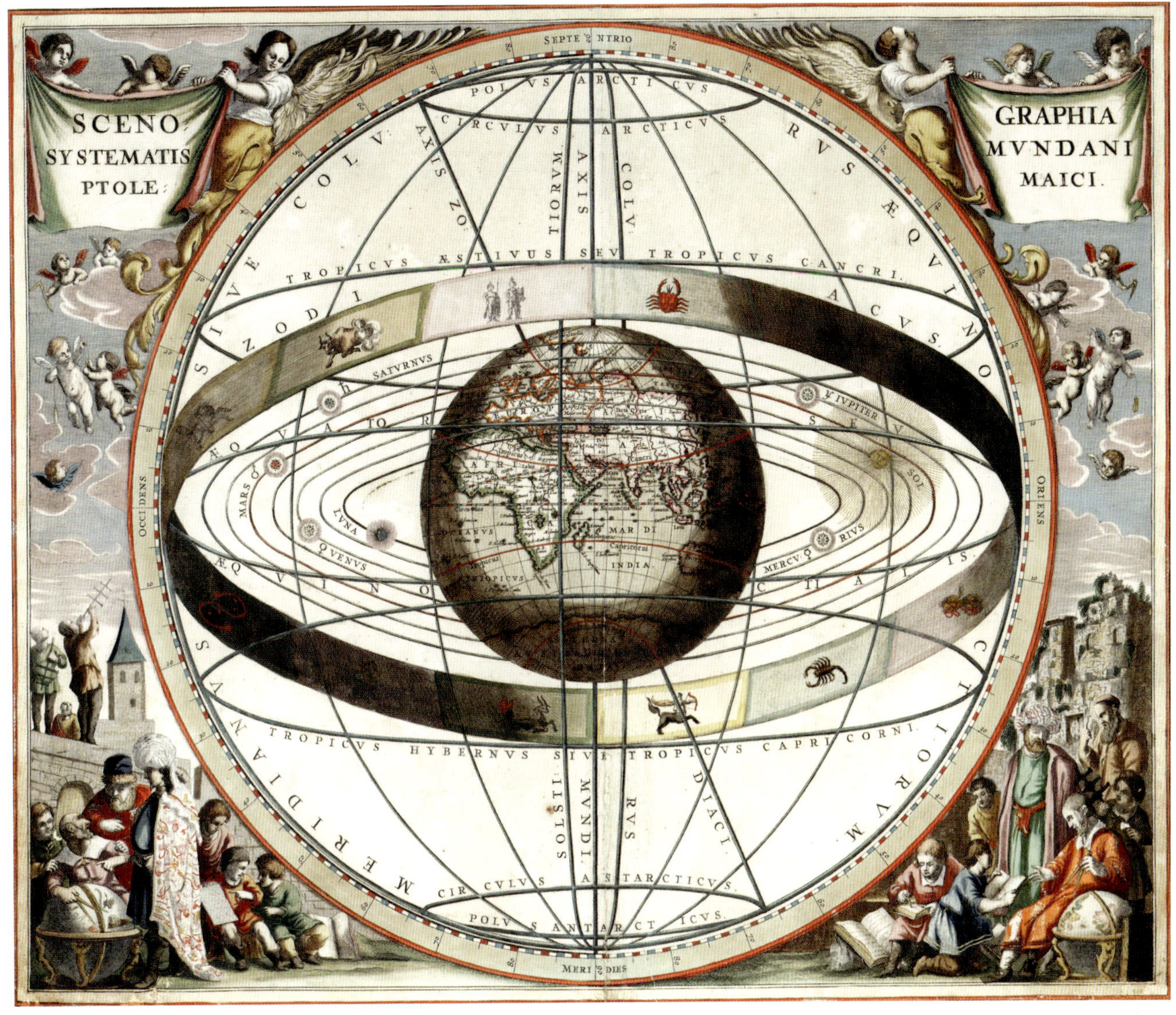

公元前3世纪，古希腊科学家埃拉托色尼用数学对地球的周长做出了惊人的准确估计，这是已知的最古老的测量方法（详见第51页）。同一世纪，天文学家、数学家阿里斯塔克提出了已知的第一个日心说。当时他提出，地球和其他行星围绕着位于宇宙中心的太阳旋转。他还建立了宇宙大小的理论，并提出地球绕其轴自转，解释了昼夜。通过将太阳而不是地球置于宇宙中心，阿里斯塔克的理论引发了一场持续了几个世纪的争论。在埃及，大约在150年，亚历山大天文学家、数学家托勒玫发表了他的著作《天文学大成》。这部著作以阿里斯塔克的思想为基础，但对日心说提出了挑战，认为地球是宇宙的中心。托勒玫的理论最终胜出，地心说模型又延续了1200年。

上图　托勒玫（地心说）模型认为地球是宇宙的中心

你知道吗?

在中国，详细的天文记录可追溯到约公元前 6 世纪。中国人第一个记录了我们现在所说的超新星，即 185 年发生的一次超亮和极强的恒星爆炸。

在后古典时代，伊斯兰世界在天文学的发展中担任了一个重要的角色。伊斯兰学者们虽然保存并依赖托勒玫以及其他希腊－罗马和印度思想家们的著作，但也创造了许多新知识。作为“观测天文学”的倡导者，伊斯兰学者们赞同直接观测天空的重要性。9 世纪，伊斯兰世界建造了一些已知最早的天文台，这有助于学者们积累关于天空的知识，但他们大都还是相信地心说。即使有些伊斯兰思想家们质疑将地球作为宇宙中心的理论，但直到欧洲文艺复兴，日心说才发展成熟。

>> 文艺复兴是中世纪后的欧洲历史时期。这一时期的标志是对古典研究的兴趣的“重生”，如艺术和科学。<<

左图　中国科学家在 1054 年观测到的蟹状星云。它是一颗超新星，是距地球 6523 光年的一次星体爆炸后的残余物

近代早期天文学

尽管中世纪欧洲的天文学进展缓慢，但这一切都在文艺复兴时期发生了改变。在这一时期，名气最大的人物之一是波兰天文学家尼古拉·哥白尼，他的日心说最终驳倒了地球是宇宙万物中心的观点。哥白尼出版于1543年的天文学著作《天体运行论》引发了一系列导致科学和宗教进行清算的事件。哥白尼提出，地球每天绕地轴自转，并且地球和太阳系的其他行星都围绕着太阳公转，这表明宇宙的中心是太阳，而不是地球。因为哥白尼的开创性文献在他死于中风的那年才得以出版，所以他未能见证它的深远影响。虽然哥白尼没能亲眼见证，但他的作品的确触发了一场以他为名的思想革命。“哥白尼式革命”标志着人们的观念从静止的地球是太阳系的中心慢慢转为我们现在所知道的正确的宇宙模式。

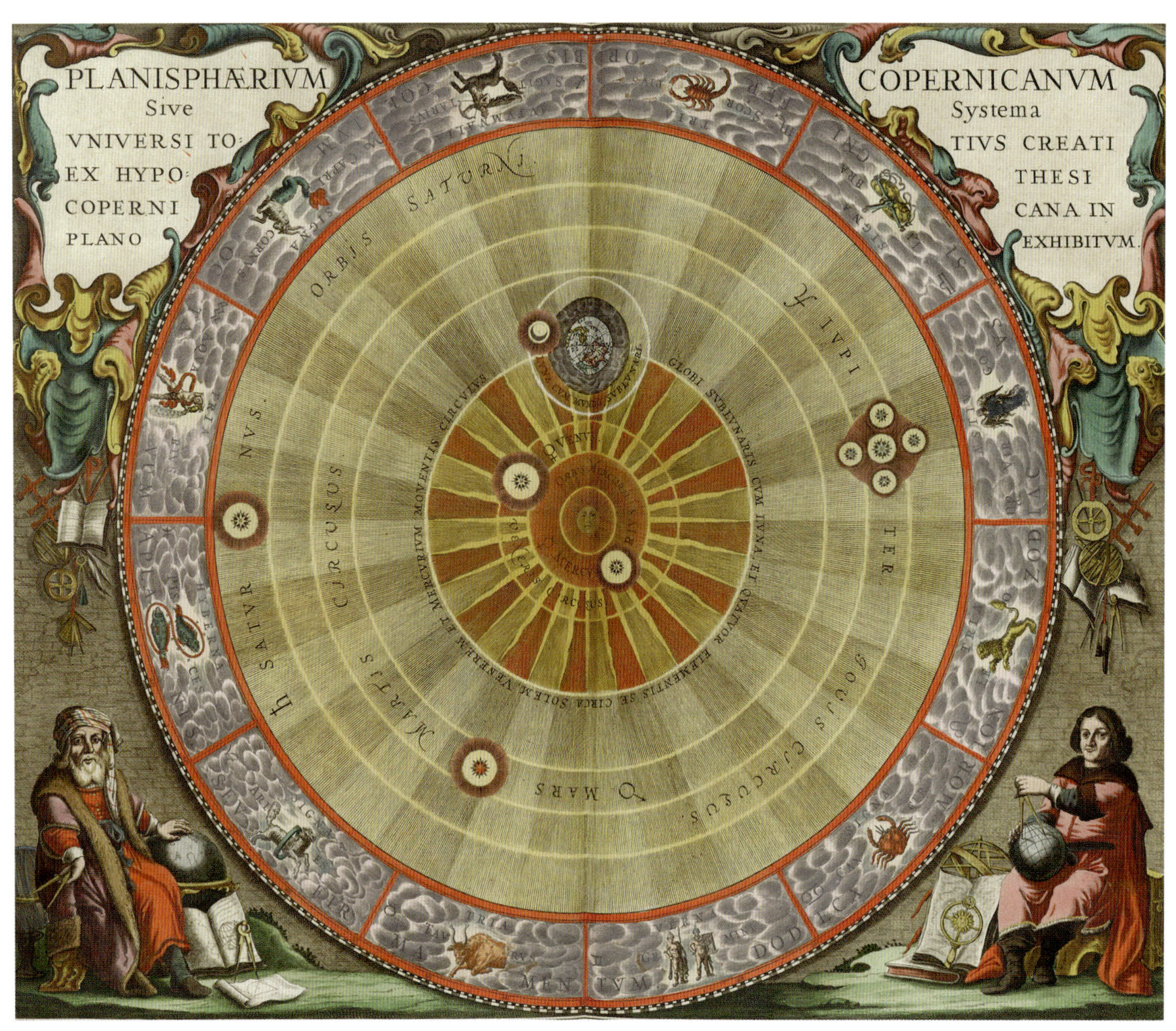

>> 观察天文学用望远镜或其他光学仪器直接研究天空，而理论天文学则通过研发模型来解释所观测到的现象。<<

上图　伽利略用自己的新望远镜观察土星的光环

哥白尼的日心说模型挑战了天主教会的理论，即宇宙是上帝所创，而人类则是宇宙的中心。天主教会虽然有足够的权力和影响力对哥白尼发难，但最开始并没有对这个新理论做出反应。直到 17 世纪初，当意大利科学家伽利略开始普及哥白尼的理论时，教会才开始严阵以待。伽利略是一位颇有成就的天文学家，发表了很多基于自己设计的望远镜所做出的观察。通过这个设备,伽利略发现了月球的表面是凹凸不平的。他的望远镜功能如此强大，以至于他能够通过研究山峰在月球表面上的阴影来估算山峰的高度。他第一个观察到了云状的银河系实际上由恒星组成，而木星则被几个卫星围绕。不久之后，伽利略指出，金星也有一系列的相位变化，就像地球所拥有的月亮一样，而如果金星不是围绕着地球公转，那么这种现象就不会被看见。伽利略的这些发现进一步证明了哥白尼的宇宙理论，随着天文学家们慢慢开始加入伽利略的队伍并支持宇宙的日心说模型，教会开始排斥这种思想的转变。

1616 年，教会禁止了伽利略的著作，但这位天文学家并没有因此噤声，而是继续证明地球围绕着太阳公转。结果，伽利略被捕入狱，被迫收回主张。最后，他被软禁，在家中度过了余生。但他的思想继续在欧洲传播， 17 世纪末，日心说终于被普遍接受。

左图　哥白尼（日心说）模型把太阳置于太阳系的中心，这是一场天文学的革命

名人录——约翰尼斯·开普勒

约翰尼斯·开普勒于1571年出生在德国。当时，人们普遍认为行星和太阳都是围绕着地球运转。但是，在大学的开普勒研究了哥白尼的著作，发现他的日心说很有说服力。随着开普勒事业的发展，他开始和丹麦著名天文学家第谷·布拉赫共事。在布拉赫于1601年去世后，开普勒研究了布拉赫的数据，发现了火星沿着椭圆形轨道运行。

1600—1609年，开普勒发表了关于太阳系行星运动的三大定律，即开普勒定律。这些定律概括了行星围绕太阳公转的方式，并证明了行星的公转轨道不是圆形，而是椭圆形，以及行星的公转在靠近太阳时会加速，在远离太阳时会变慢。开普勒的描述在天文

学领域是开创性的，从此成为天文学的基础。然而，直到18世纪，物理学家们才对这些定律做出了完整的解释。

在17世纪末，英国物理学家艾萨克·牛顿用开普勒的行星运动定律支持了自己的万有引力定律。他认为，行星靠近太阳时公转速度的加快是由地心引力造成的。通过这个理论，牛顿把物理学和天文学结合到了一起，从而第一次解释了天体现象背后的物理学原理。

下左图　约翰尼斯·开普勒。他对行星运动的描述是天文学的基础

下图　由于太阳系过于庞大，我们几乎不可能按比例绘图

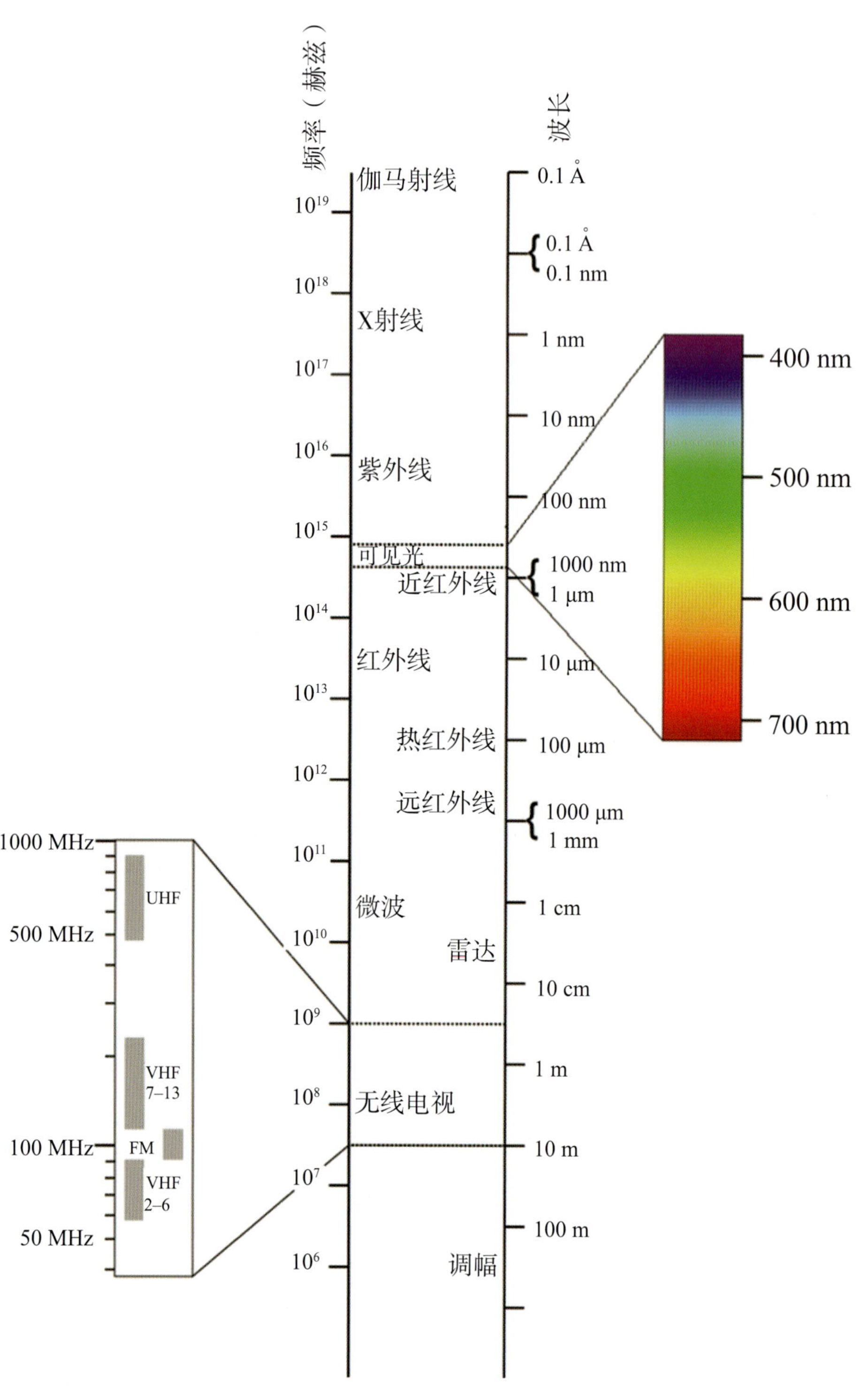

17 世纪末，英国物理学家艾萨克·牛顿把物理学和天文学结合到了一起，这一壮举被普遍认为是哥白尼式革命的高潮。几年前，德国天文学家约翰尼斯·开普勒概括了行星围绕太阳运转的方式。牛顿的贡献则是第一次解释了行星运转背后的物理学原理，并尝试用自己的万有引力理论来解释观察到的现象。在之后的那几年里，尤为明显的是，人们开始强调观测天文学的重要性。正是因为英国人詹姆斯·布莱德利等天文学家们花费了他们的大半生来追踪天空，人们才能在后来发现新的星云、彗星和星球。

近代早期是天文学的高潮时期。在那几百年里，天文学家们挑战了宗教在宇宙问题上的权威性，并成功将天文学确立为一门既立足于事实又不受宗教思想束缚的独立科学。

左图　可见白光只是电磁辐射光谱中的一小部分

现代天文学之路

在 19 世纪，随着人们越来越关注精细的计算，观测天体的方法也变得越来越先进。与此同时，随着天体物理学的出现，天文学和物理学联系得更加紧密。天体物理学旨在拓展我们对光的了解。1800 年，英 - 德天文学家威廉·赫舍尔发现可见光的不同颜色有着不同的温度，而且最热的光是不可见的，这就是我们现在所知道的红外线。在一系列关于可见光是电磁辐射光谱中的一小部分的发现里，这是第一个发现。对天文学家们来说，电磁光谱的发现是革命性的。在此之前，科学家们只能通过自己的眼睛和常规的望远镜来研究天体，而在有了对电磁光谱的了解之后，他们就能根据恒星、行星和星系散发的电磁辐射来研究它们。

右图　威廉·赫舍尔的著作证明了不可见光的存在

天体光谱学

1859年，两位德国科学家（一位物理学家和一位化学家）有了一个突破性的发现。古斯塔夫·基希霍夫和罗伯特·本生发现，如果用火焰加热不同的元素，就会分别产生一个独特的光谱。这个光谱就像一枚“指纹”，每个元素都有一个专属的印记。这是天文学界的重大事件。有了这个发现，天文学家们只需检查物体散发的光谱，就能确定一个天体的元素组成，如太阳和恒星。

19—20世纪，科学家们继续探索使用天体发射的电磁光谱来研究天体特征的方法。这些方法统称为“天体光谱学”，可使天文学家们能够研究恒星、行星、星系等的化学、温度、位置、质量和运动，从而极大地扩展我们的宇宙知识。

20世纪，爱因斯坦的相对论带来了对引力和时空的全新理解。爱因斯坦的优雅理论支持了现代天体物理学理论的发展，如暗物质和黑洞的存在。20世纪60年代，通过天文学家们在过去几百年的研究里所积累起来的大量技术和知识，理论家们提出了一个令人信服的宇宙起源理论，即宇宙大爆炸理论。

>> 天体物理学是天文学的一个分支。它利用化学和物理学领域来研究宇宙的本质。<<

20世纪中叶，随着宇航员的第一次太空旅行，我们进入了天文学的一个新时代。之后的几年里，机器人技术的发展使我们能够探索太阳系的遥远区域，如彗星、卫星和行星。不管是在地球上还是在太空里，

左图　“Astronaut”（宇航员）一词取自希腊单词“astro”（恒星）和“nautes”（税收），指的是从地球出发向外航行50英里的人。截至2018年，已有550多人取得了参加太空“机翼”项目的资格

远程望远镜都使天文学家们能够洞悉银河系中之前未知的角落。即使只有几十年的时间，技术已经发展到能够在前所未有的层面上提供细节的程度。随着太空探索广度的加大，产生的数据数量也增加了，所以现在，天文学家们花费了很多时间来研究和翻译电脑上的信息。

尽管如此，天空仍然保有自己的浪漫和神秘。经过几个世纪的观察和探索，人类现在终于能够进入宇宙，探索那些我们的祖先只能想象的世界。虽然研究天空并不能让我们预见未来或知晓神意，但它却让我们有了另外一种“巫术”。天文学帮助我们探索了现实之外的区域，拓展了我们想象的范围，让我们能够大胆地走进我们周围的伟大神秘里去寻找答案。没有什么能比这个更神奇、更符合人类好奇本性的了。

右图　我们的银河系包含数千亿颗恒星和1000多亿颗行星

第九章　化学

当今世界的方方面面，甚至是政治和国际关系，都受化学的影响。

——美国化学家莱纳斯·卡尔·鲍林（1901—1994）

化学是关于"物质"的科学。化学家们感兴趣的是物质的组成、特征和相互作用。化学常常被称为"核心科学"，与许多其他不同的领域互相交叉，如生物学、物理学。这是因为每天都有化学反应发生在我们的周围。从电脑到汽车再到身体，化学是我们生活的中心。学习掌握这些化学反应有助于我们构建我们所知道的世界。现在，我们能够用我们的化学知识，例如医药和技术，了解生物生命和物理宇宙的运作。人类文明从最早期到现在一直在利用化学，从制造陶器、鞣制兽皮到制造工具、漂染衣服。随着时间的推移，我们已经掌握了日益繁复的化学步骤，并揭开了这些化学反应背后复杂的科学原理。这是一个关于化学如何变成科学探索的基础的故事，也是一个关于化学如何在这个过程中促进文明转型的故事。

距今 3500 年

约公元前 1200 年
《汉谟拉比法典》记载第一个已知的化学家塔普提

约公元前 5 世纪
恩培多克勒提出了四元素说：土、空气、火和水

约 9 世纪
贾比尔·伊本·哈扬提出材料分类的早期理论

1000 年

1661 年
罗伯特·玻意耳出版第一本化学教科书

上图　与固体、液体和气体一样，等离子体是物质的四种基本状态之一

1702 年
格奥尔格·施塔尔
提出燃素的存在

1783 年
安托万·拉瓦锡驳斥
“燃素说”

1803 年
约翰·道尔顿证实元素
由特定原子组成

1869 年
德米特里·门捷列夫创造
现代元素周期表

1903 年
居里夫妇因发现放射性
物质镭而获得诺贝尔奖

100 年

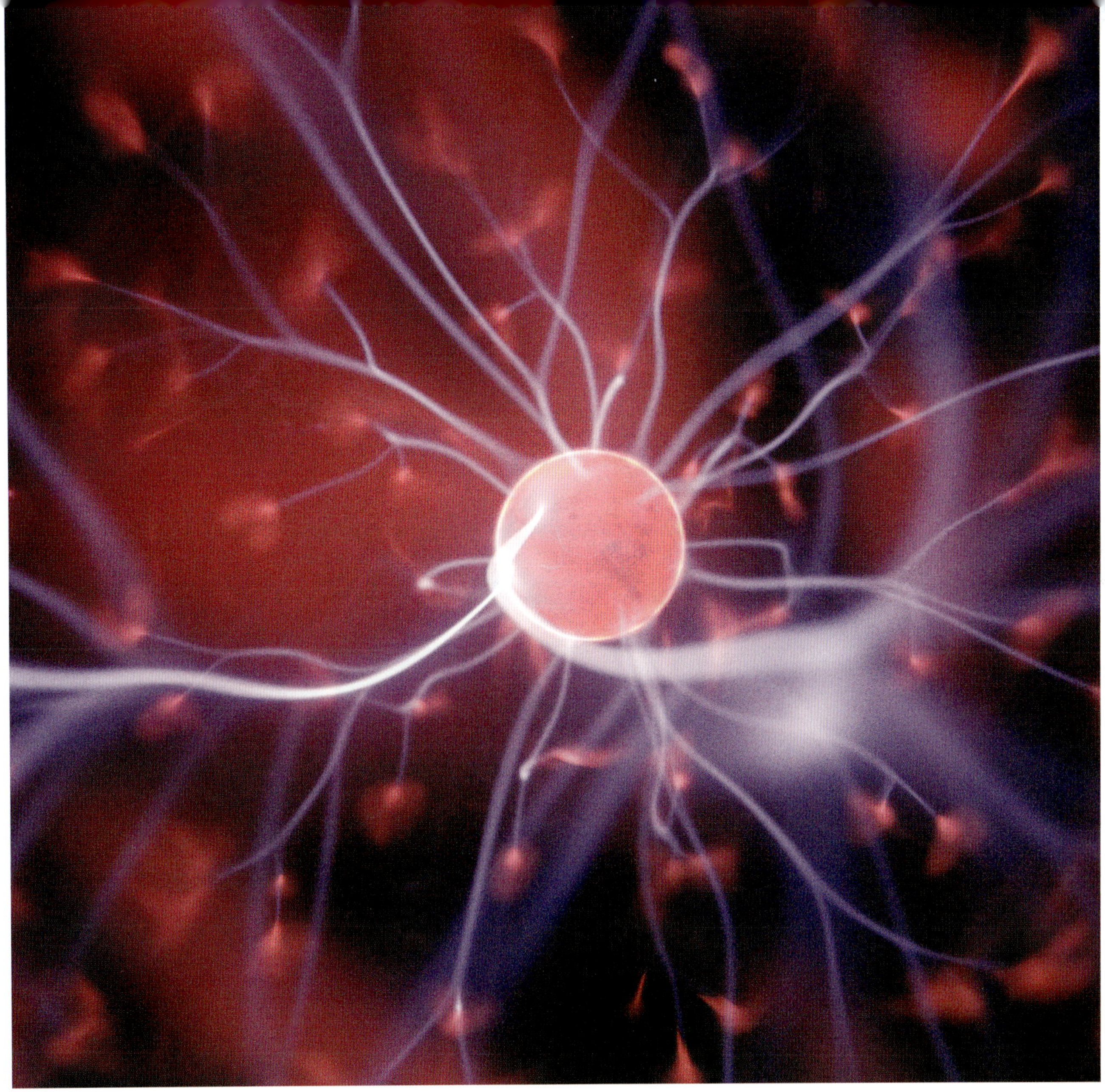

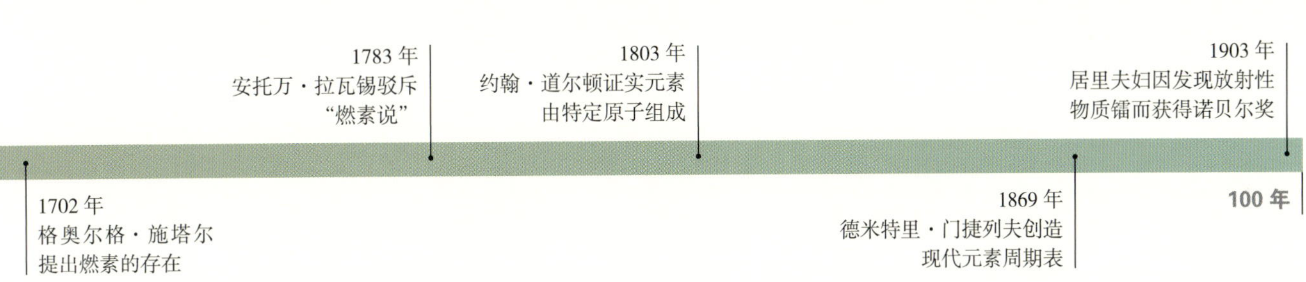

化学的根源

从一开始，化学就是人类故事的中心。在早期，人类用火加热材料，将富有营养的食物引入日常饮食，并制造陶器。随着对化学反应的不断了解，人类从石器时代过渡到青铜时代和铁器时代。在早期文明中，人类通过从矿石中提取并融合金属来创造不同的材料，从而改进了工具、武器和基础设施。

>> 冶金术是研究金属及其特性和行为的科学。<<

第一个有文字记载的化学家叫塔普提，她是巴比伦的一个香水制造师。一块可追溯到公元前 1200 年的楔形文字碑对其著作进行了描述。塔普提是皇室监理，她通过蒸馏和过滤原料的方式来制备各种合剂，以用于医学、宗教仪式和香水调配。塔普提是第一个已知在蒸馏器中蒸馏原料的人，并且这种设备至今仍被使用。化学在巴比伦蓬勃发展。在这个文明里，人人都是能工巧匠，善于利用化学过程制造各种产品，如药物、陶瓷和玻璃。但这些发明都是反复试验而不是实验的产物。

下图　化学反应在人类生活中一直起着重要的作用。想想早期的人类用来煮肉和制作陶器的火吧

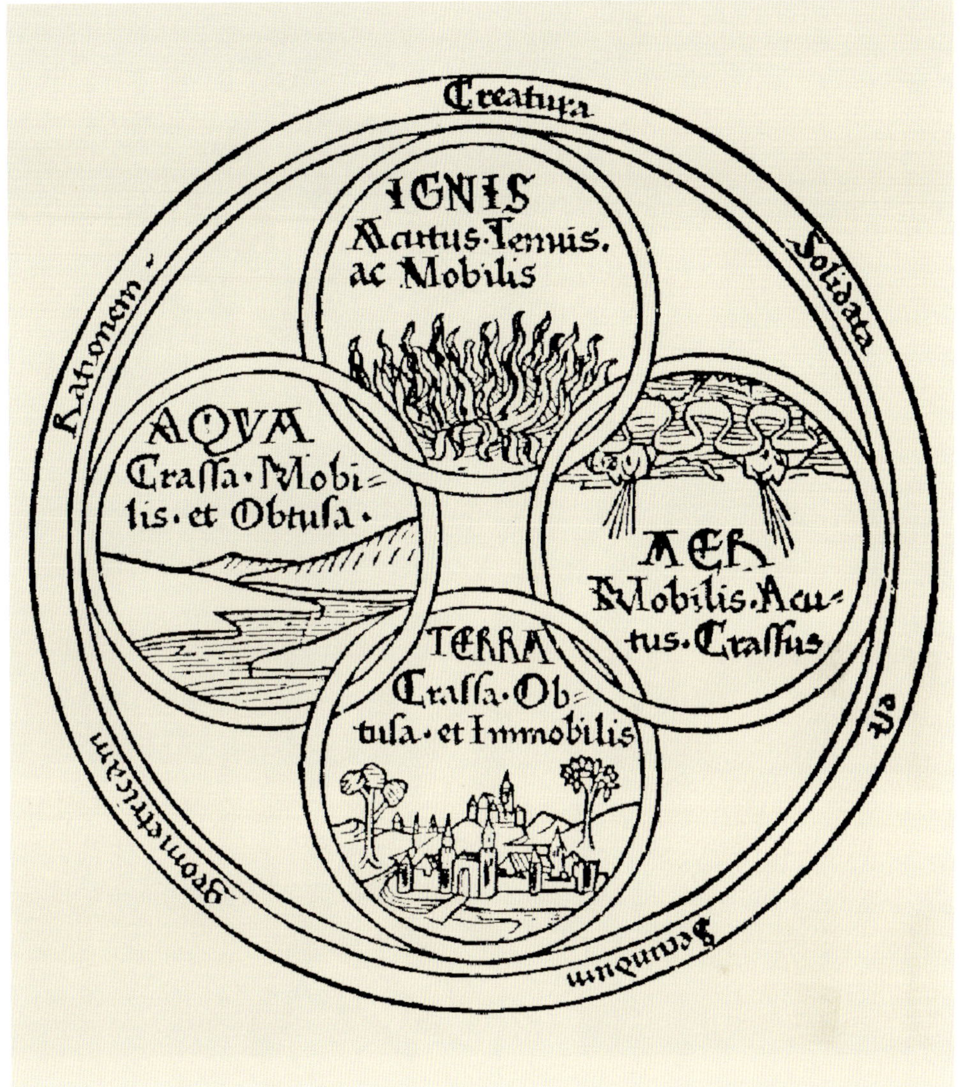

上图　据说，楔形文字碑展示了塔普提的香膏配方，包括水、花、油和菖蒲

右图　恩培多克勒的四元素说：土、空气、火和水

一些最具影响力的早期化学理论都来自古希腊。早在公元前600年，哲学家们就开始创立各种关于自然界化学组成的理论。公元前5世纪，前苏格拉底哲学家恩培多克勒提出了一个在此后的数百年里都一直影响着化学领域的理论。恩培多克勒提出，世界由四种基本元素构成，即土、空气、火和水，它们不会被创造或消灭，而是通过彼此之间的组合变化来转化成另外一种物质。

>> 楔形文字是美索不达米亚的苏美尔文明在大约公元前4000年发明的一种古老的书写系统。<<

多年后，亚里士多德采用了恩培多克勒的理论，并增加了第五个元素——以太，这个元素被认为组成了地球外的大部分宇宙。

尽管亚里士多德的理论绝对不是第一个或唯一一个此类理论，但它却塑造了化学和科学的整个历史。

上图　贾比尔·伊本·哈扬建立了一种更加系统的化学研究方法

你知道吗?

古希腊的世界五元素说（土、空气、火、水和以太）以各种形式出现在世界上的其他文明中。在日本、巴比伦和印度，思想家们也提出了类似的理论，而在中国，复杂的“五行”系统也列举出了五个被认为主宰着生活各种领域的元素。

在化学历史的早期，工匠和哲学家建立了化学思想的根源，但推动化学变成科学领域的却是炼金术。炼金术是一种原始的科学，寻求的是净化某些物质——通常是将金属转化成黄金，并且结合了神秘主义、哲学和科学。在数百年里，炼金术被广泛应用于世界各地，并且在18世纪以前，一直都被视为化学学科。亚里士多德认为，一种物质可以转化成另一种物质，这一观点促进了炼金术在西方的发展，并加速了其在希腊和罗马时期的成长。几个世纪以来，学者们一直在寻找“点金石”，这是一种传说中能把普通金属变成黄金的材料。在中世纪，炼金术和化学都在伊斯兰世界迎来了繁荣。

9世纪，波斯－阿拉伯炼金术士贾比尔·伊本·哈扬提出了一种更加系统的化学方法，即进行方法论的实验室实验。贾比尔是一位高产的研究者，他不仅通过广泛的研究将新的化学过程、物质和互相作用分类，而且研发了许多实验设备来支持自己的研究。贾比尔把材料分成三种：金属、（加热时会变成蒸汽的）“精灵”和不可塑物质（如岩石，碾碎后会变成粉末）。这是我们现代材料分类系统的先驱，而现代分类则是金属、非金属和挥发性物质。贾比尔的著作鼓舞了欧洲中世纪和文艺复兴时期的化学家们，并为后来的研究热潮奠定了基础。近代早期，化学科学已经席卷了整个欧洲，并在后来的几个世纪里经历了一场革命。

下图　炼金术士，德比郡的约瑟夫·莱特。和这幅画所描绘的一样，炼金术在世界各地实践了几百年，被视为化学的互换物

近代早期的化学

对炼金术士们来说，文艺复兴既是一个有利可图的时期，又是一个危机重重的时期。一方面，有钱的顾客会赞助炼金术士们的研究，以发现无限财富和永恒生命的秘密。另一方面，炼金术士们则无法兑现这些投资。他们中的有些人得到了行骗者和假行家的名声，而有些人则因为金主等得不耐烦而被处死。虽然炼金术从未实现过其神奇的承诺，但在文艺复兴时期，炼金术士们的努力仍推动了化学科学的快速发展。

通常盎格鲁－爱尔兰哲学家和知识分子罗伯特·玻意耳被认为是第一个现代化学家。玻意耳在 17 世纪出版了《怀疑的化学家》，这部著作被认为是第一本化学教科书。

在这本书里，他批判了亚里士多德的五元素说，认为元素应当被视为“完美划分的个体”，也就是说，基本物质是物质的基本组成部分，不能再被分解成不同的部分。这个观点更加接近于我们现在对元素的认知。玻意耳还提出了一个假设，即物质由原子组成，也就是他所说的“微粒”，而所有观测到的现象皆是这些微粒互相碰撞的结果。最重要的是，玻意耳提倡实验在化学中的重要性。虽然他自己也对炼金术很感兴趣，但他还是希望人们能够承认化学是一门独立的科学，并意识到严谨的实验能消除与炼金术有关的神秘主义。玻意耳的科学方法是人们迈向革命的第一步的其中之一，而这场革命将会见证化学进入一个新时代，即一个以事实和实验为标志的时代。

18 世纪，玻意耳的主张，即世界上的元素比亚里士多德最初提出的五元素要多得多，被证明是正确的。1754 年，苏格兰化学家约瑟夫·布莱克分离出了二氧化碳。20 年后，英国化学家约瑟夫·普里斯特利则分离出了氧气。这都证明了空气不是单一的元素，而是由许多不同元素组成的。普里斯特利把自己的发现称为“去燃素空气”。

1702 年，德国医生格奥尔格·施塔尔提出了“燃素”元素的存在。施塔尔认为，所有的可燃材料都含有燃素，这是一种会在燃烧过程中释放出来的元素。这个理论对早期的化学家们来说很有意义。他们注意到，当用罐子盖住蜡烛时，火焰就会熄灭。因此，他们推测，这是由于蜡烛释放了过量的燃素，空气中充满了这些元素，导致火焰不再有存在的空间。

直到 18 世纪末，燃素理论才最终被证明是错误的。这个理论的终结者是法国化学家安托万·拉瓦锡。和同时代人不同，拉瓦锡不相信燃素的存在。

通过一系列实验，他不仅推断出燃烧过程并没有产生新的元素——燃素，而且意识到，实际上燃烧反应吸收了一种现有的元素。这个元素给了火焰燃烧的动力，而在消耗完这个元素之后，火焰将熄灭。这个元素就是约瑟夫·普里斯特利所说的“去燃素空气”或者拉瓦锡所说的“氧气”。

在质疑了燃素理论并重新命名了普里斯特利的元素后，拉瓦锡又研发了一个全新的化学命名法，确定了很多我们现在所熟知的名称和描述。拉瓦锡的研究是化学革命的高潮。19 世纪初，化学已经成为一个基于可测量事实的独立科学学科。

右图　因为其对自然现象的开创性研究，罗伯特·玻意耳通常被称为第一个现代化学家

名人录——安托万·拉瓦锡

安托万·拉瓦锡出生于1743年，当时，法国启蒙运动，即欧洲知识分子思想的黄金时代，才刚刚开始。在大学时期，他主修化学，并发现这门学科不仅定义模糊，而且有失严谨。在之后的那些年里，拉瓦锡对这个领域的贡献不仅改变了这一状况，而且引发了一场开启化学新时代的革命。

和许多前辈不同，拉瓦锡非常注重在化学实验中做好详细的笔记和测量。通过称量和分析化学反应中所涉及的所有物质，拉瓦锡证实了在这些化学反应中，没有物质被创造或毁灭。不管物质如何变化，物体的质量都不变。所以，即使气体变成液体，液体变成固体，总质量始终一样。现在，我们都知道这就是质量守恒定律，即“拉瓦锡定律”。

拉瓦锡始终致力于化学的系统性，这也反映在他试图为这个领域创造一种新的命名法。在此之前，不同的化学家们总是用不同的术语来称呼同一种化合物，这使化学家们很难交流各自的发现并完善这些知识。18世纪80年代，拉瓦锡提出一个新的命名系统，这不仅确保了一致性，而且给化学研究提供了一个崭新的协作方法。

拉瓦锡还对这个领域做出了无数其他的贡献，从驳倒燃素理论到编写第一本现代化学教科书，我们很难细数他的研究带来的影响。1794年，拉瓦锡成为法国大革命的牺牲品——他因与革命者发生冲突而被送上了断头台。虽然拉瓦锡在被杀时年仅50岁，但他却在这个领域留下了难以磨灭的印记。因为对一致性、测量和理性的执着，拉瓦锡让化学变得更加稳固、广泛和现代。

下图 安托万·拉瓦锡用他的系统研究法改变了化学领域

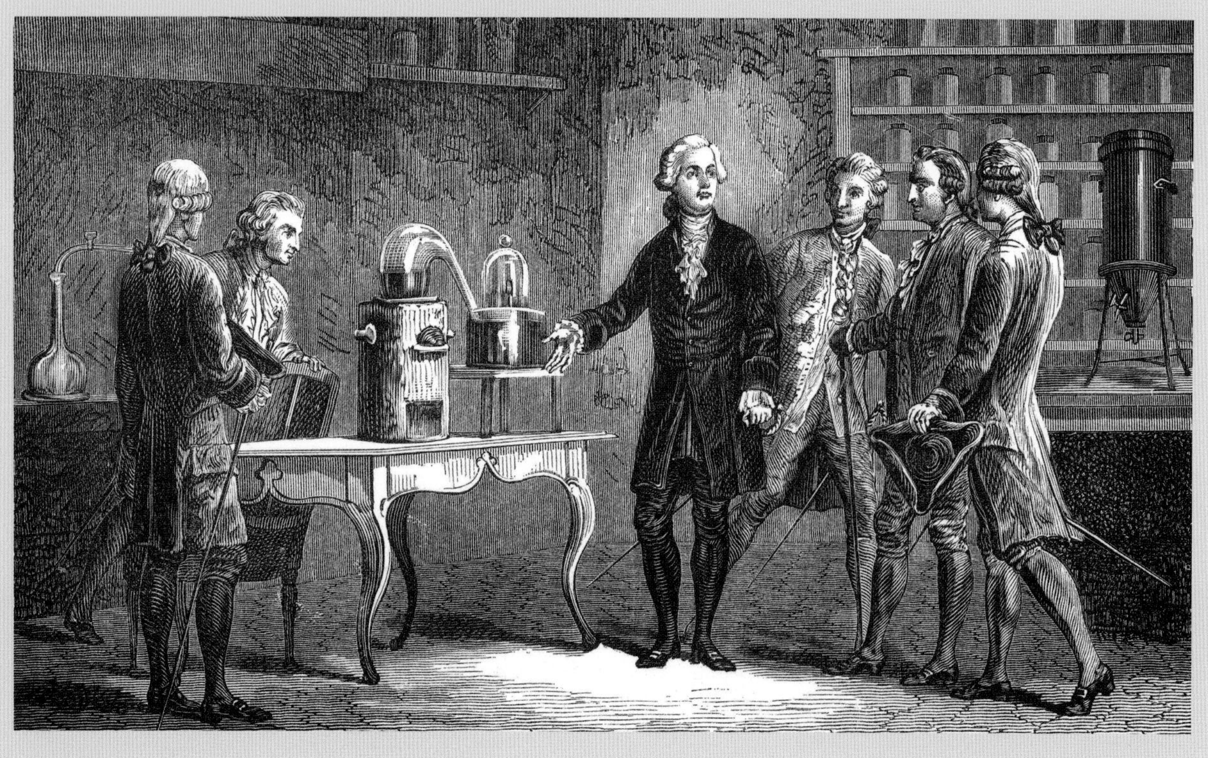

早期现代化学

19世纪，学者们已经确立了支配化学科学的规则和原理，并开始在此基础上进行研究。19世纪80年代初，英国教师和学者约翰·道尔顿确定了原子的存在，从而复兴了古希腊哲学家德谟克里特在2000年前提出的主张。但道尔顿做了进一步的研究，他认为，每种元素都是由独特类型的原子组成，这些原子的大小、重量和性质各不相同。当然，道尔顿并不是仅仅通过称量这些元素的原子来证明此观点，而是评估了每种元素相对于其他元素的重量。通过这种方法，道尔顿确定了氢原子比碳原子轻等。道尔顿还研究了不同元素的原子如何以固定的方式结合成化合物，如二氧化碳。他指出，化学反应会导致原子重新排列并结合成化合物，但原子本身并不能被创造或毁灭。

下图　约翰·道尔顿在1808年发表了他的原子理论

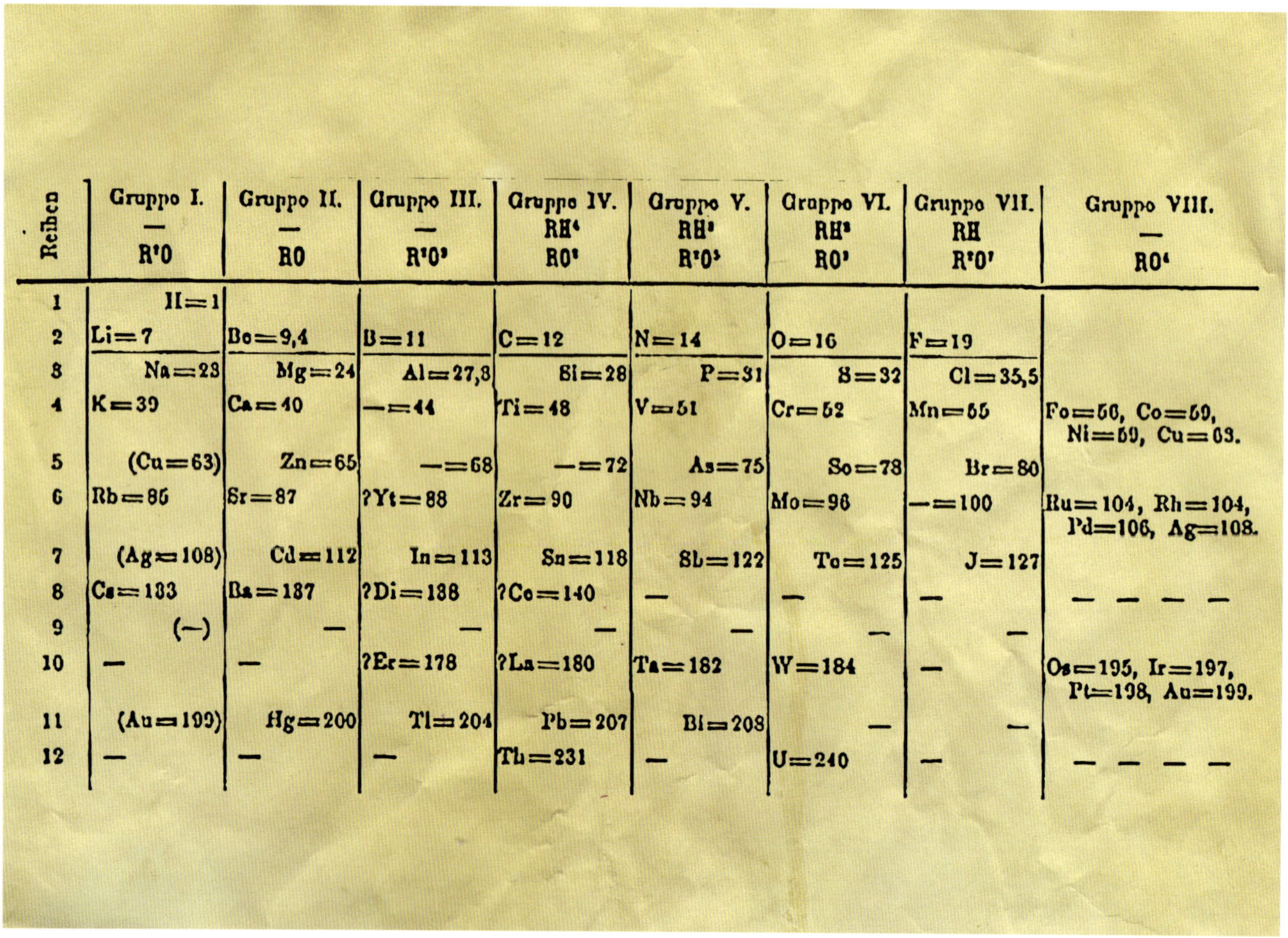

Reihen	Gruppo I. — R^2O	Gruppo II. — RO	Gruppo III. — R^2O^3	Gruppo IV. RH^4 RO^2	Gruppo V. RH^3 R^2O^5	Gruppo VI. RH^2 RO^3	Gruppo VII. RH R^2O^7	Gruppo VIII. — RO^4
1	H=1							
2	Li=7	Be=9,4	B=11	C=12	N=14	O=16	F=19	
3	Na=23	Mg=24	Al=27,3	Si=28	P=31	S=32	Cl=35,5	
4	K=39	Ca=40	—=44	Ti=48	V=51	Cr=52	Mn=55	Fe=56, Co=59, Ni=59, Cu=63.
5	(Cu=63)	Zn=65	—=68	—=72	As=75	Se=78	Br=80	
6	Rb=85	Sr=87	?Yt=88	Zr=90	Nb=94	Mo=96	—=100	Ru=104, Rh=104, Pd=106, Ag=108.
7	(Ag=108)	Cd=112	In=113	Sn=118	Sb=122	Te=125	J=127	
8	Cs=133	Ba=137	?Di=138	?Ce=140	—	—	—	— — — —
9	(—)	—	—	—	—	—	—	
10	—	—	?Er=178	?La=180	Ta=182	W=184	—	Os=195, Ir=197, Pt=198, Au=199.
11	(Au=199)	Hg=200	Tl=204	Pb=207	Bi=208	—	—	
12	—	—	—	Th=231	—	U=240	—	— — — —

此后不久，瑞典化学家约翰·雅各布·贝尔塞柳斯利用道尔顿的原子理论创建了一个元素表，这个表格根据相对原子质量排列元素。在原子理论的基础上，贝尔塞柳斯还发明了一个元素命名体系。在这个系统里，每个元素都由一个或两个字母表示，如H代表氢，Mg则表示镁。1869年，俄国化学家德米特里·门捷列夫对贝尔塞柳斯的元素表做出了完全颠覆性的改变。他首先根据原子质量水平排列元素，然后根据类似性质垂直排列元素。门捷列夫的表格清晰地展示了元素的排列顺序，而且通过这种排列顺序，他甚至在表格里留出了空白，以在将来填入当时尚未发现的元素。随着人们在19世纪70年代和80年代先后发现了这些缺失的元素，如镓、钪和锗，可以确定的是，门捷列夫的表格成功破译了化学元素的密码，并充分体现了它们的内在秩序。

>> 元素是只含有一种原子的物质。如果一种物质含有一种以上的原子，那么它就是化合物。<<

你知道吗?

在约翰·雅各布·贝尔塞柳斯建立起用字母表示化学元素的系统之前，有些元素是用符号表示的，如被一条线穿过的圆，或中间有一个加号的圆。

上图　德米特里·门捷列夫的元素表破译了化学密码

电堆

意大利物理学家亚历山德罗·伏特是第一个发明功能性电池的人，这个发现开启了一个研究电气现象的新时代。处于19世纪初的伏特对“动物电流”的概念非常感兴趣。18世纪90年代，意大利科学家路易吉·加尔瓦尼观察到，如果把刚死的青蛙的神经连接到两种不同的金属上，那么他的两条腿会抖动。

加尔瓦尼总结道，这种抖动源于“动物电流”，这是一种在活体组织内固有的电流形式。然而，伏特却不接受这个说法。他认为，青蛙的两条腿只是一种流经两种金属的电流的导体。为了论证这一点，伏特专门发明了一种装置来检验这种神秘的力量。1794年，他通过把一块浸过盐水的布放在两种金属之间，做成了一个电路。

通过这个电路，伏特指出，加尔瓦尼所说的动物组织与电荷的来源毫无关联，因为电流只能由金属产生。

1800年，伏特发明了世界上第一个功能性电池——电堆，并最终确定了他的结论。这个电池由多对金属盘堆叠而成，中间放有盐水布。与伏特之前的电路相比，这种装置能产生更多的电荷。电堆的发明证明了电可被控制和利用，也给科学家们提供了一种工具，来对电气现象进行前所未有的研究。

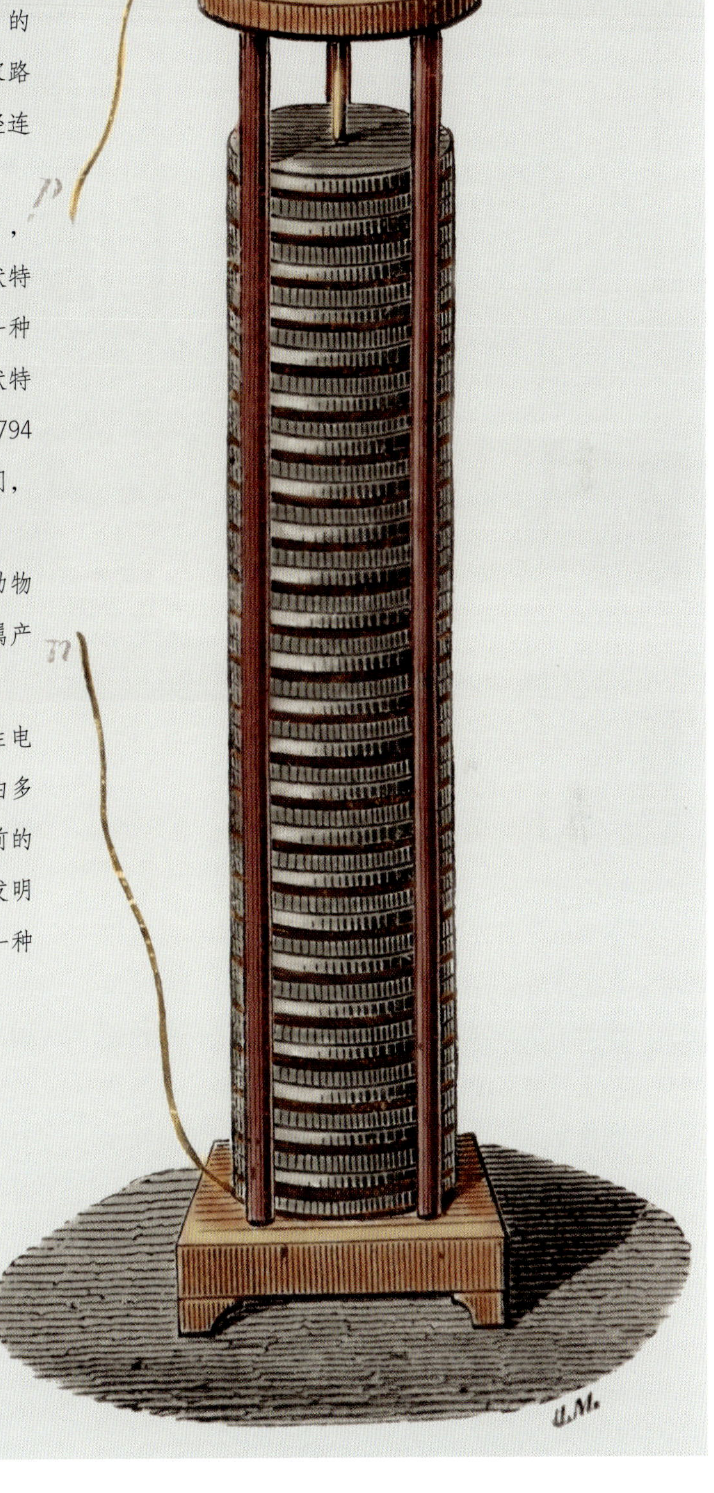

右图　电堆是第一个功能性电池

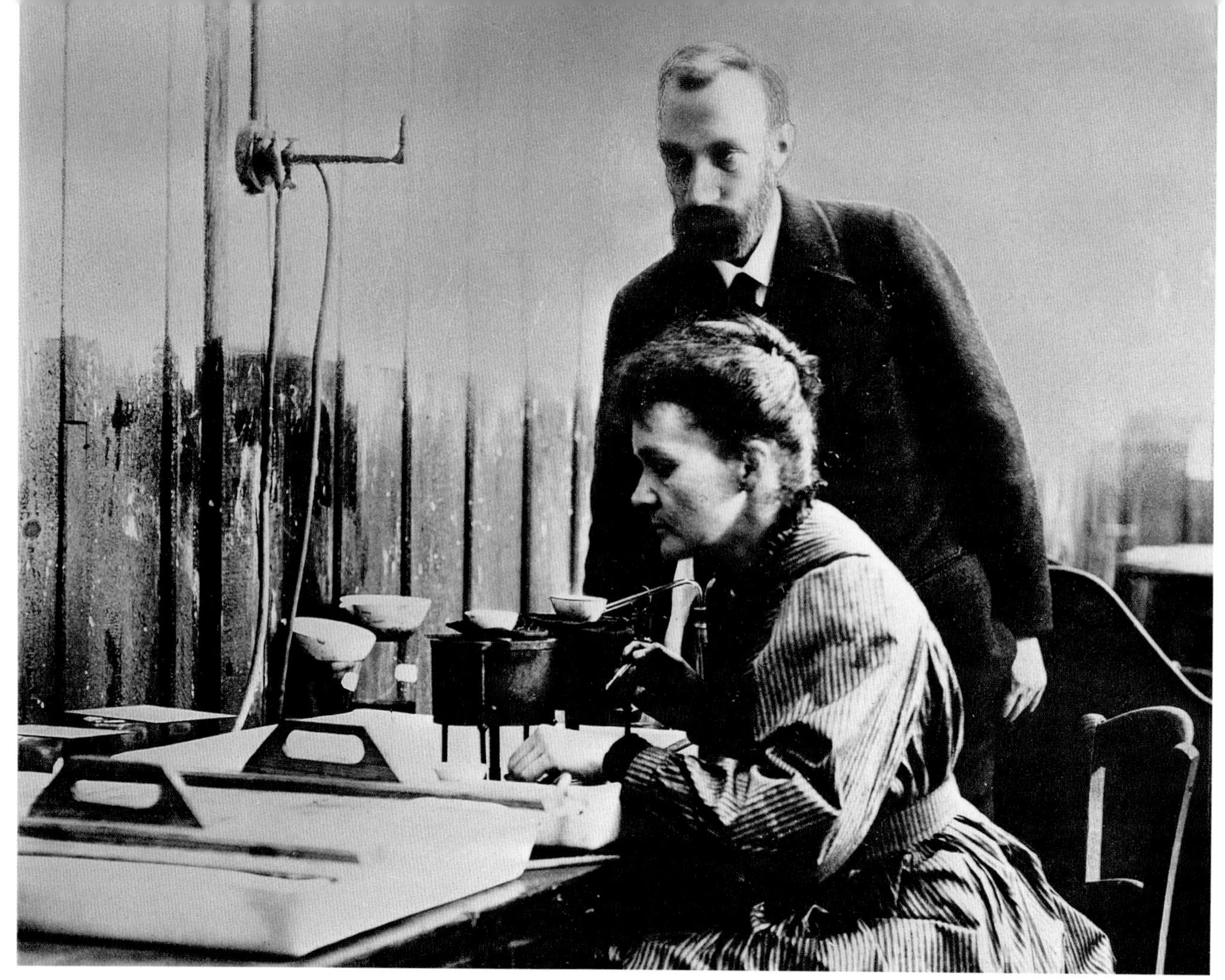

道尔顿的原子理论已经成了化学的基石，并且很显然，化学开始与物理科学更加紧密地交叉。到 19 世纪末，作为一个新领域，物理化学开始发展，电化学和热力学实验也帮助该领域确立了其重要性。波兰物理学家和化学家玛丽·斯可罗多夫斯卡·居里是物理化学最有成就的实践者之一。最初，居里和她的丈夫皮埃尔对铀进行了实验，发现该元素能够发出奇怪的射线——他们称这种现象为“放射性”。在随后的几年里，居里夫妇又发现了另外两种放射性元素：钋和镭。从核能到放射治疗，这些新元素在能源、医学和技术方面的巨大意义将在 20 世纪变得日益突出。

在现代，化学已经与物理学和生物学紧密相连。几乎所有有抱负的科学家都需要了解化学的基本原理，因为它是所有研究领域的核心所在。化学不仅对科学研究至关重要，还完全融入了我们的日常生活。我们对化学反应的理解塑造了我们今天所处的世界。化学时刻在我们身边，为我们所知的生活提供了基础。

上图　玛丽·居里和皮埃尔·居里正在巴黎实验室中工作。他们在那里发现了放射性元素

右图　从核能到放射性，放射性元素已经改变了世界

WENTWORTH WORKS.

第四部分

19 世纪

19 世纪是一个人人都想成为科学家的时代。在那100 年里，科学成为一个固定的职业，各种不同的学科纷纷涌现，研究也变得越来越专业化。一系列从进化论到电磁学的重大发现明显推动了科学的发展。

与此同时，外面的世界也在经历着变革。欧洲帝国主义的新时代见证了殖民活动的复兴，特别是在非洲、亚洲和中东。对殖民地的剥削给殖民国家带来了政治和经济利益，而这些利益则以殖民地的牺牲为代价。其中，科学被认为是国家骄傲的来源和社会进步的重要工具。

与此同时，工业革命改变了各个国家的面貌，如英国、法国、德国和美国，导致了城市化的加快和人口的增长。工业化进程为科学家们创造了新的机遇，也驱动了大量新发明和新思想的产生。

研究对社会和国家声望的重要性支持了科学的专业化，而科学家也成了一个备受尊重和认可的职业选择。更重要的是，科学专业度的提升，以及科学分为各独立学科促使了专业机构的出现，如英国皇家研究院和美国科学促进会。

19 世纪是一个充满了乐观主义和科学成果的时期。对解决日益复杂的问题的推动带来了各种领域在理论和实践方面的空前进步。19 世纪末，科学家们使我们迈进了我们现在所知道的工业化世界。于是，科学变成了国家进步的基础和现代社会的基石。

左图　工业革命不仅改变了自然景观，也改变了人文景观

第十章　工程学

从过去到现在，工程师一直都是历史的创造者。

——工程师和教育家詹姆斯·基普·芬奇（1883—1967）

工程学可以被看作一门行动科学。工程师们运用科学知识来弄清事物的原理、解决实际问题、设计产品和进行创新。提起工程师，我们想到的可能是那些设计桥梁和车辆的人，但这个领域远不止如此，还跨越了生物学、化学和物理等领域。工程学分为四大类：土木、机械、电气和化学。因此，有些工程师可能会致力于制造假肢，有些则可能设计机器人；有些可能致力于改善制造工艺，有些则治理空气污染对环境产生的影响。所有的这些工程师都是工程学漫长而璀璨的历史中的参与者。在过去的几千年里，人类一直都在创新。从汽车到手机，人类的创新精神将工程学的历史串联起来。

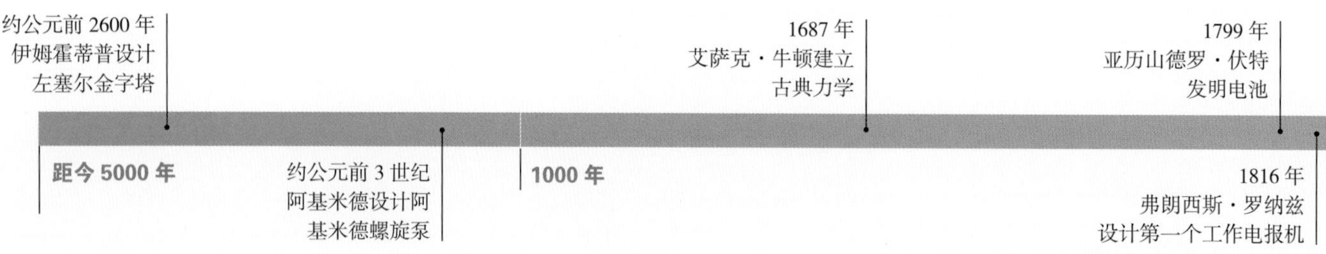

上图 几千年来，工程师们一直都在创新

1885 年
卡尔·本茨发明
“奔驰一号”

1895 年
威廉·伦琴发现
X 射线

1903 年
莱特兄弟成功完成
自己的第一次飞行

100 年

1928 年
罗尔夫·维德勒建造第一台
直线加速器

1958 年
汤姆·布朗开发医用
超声波机原型

50 年

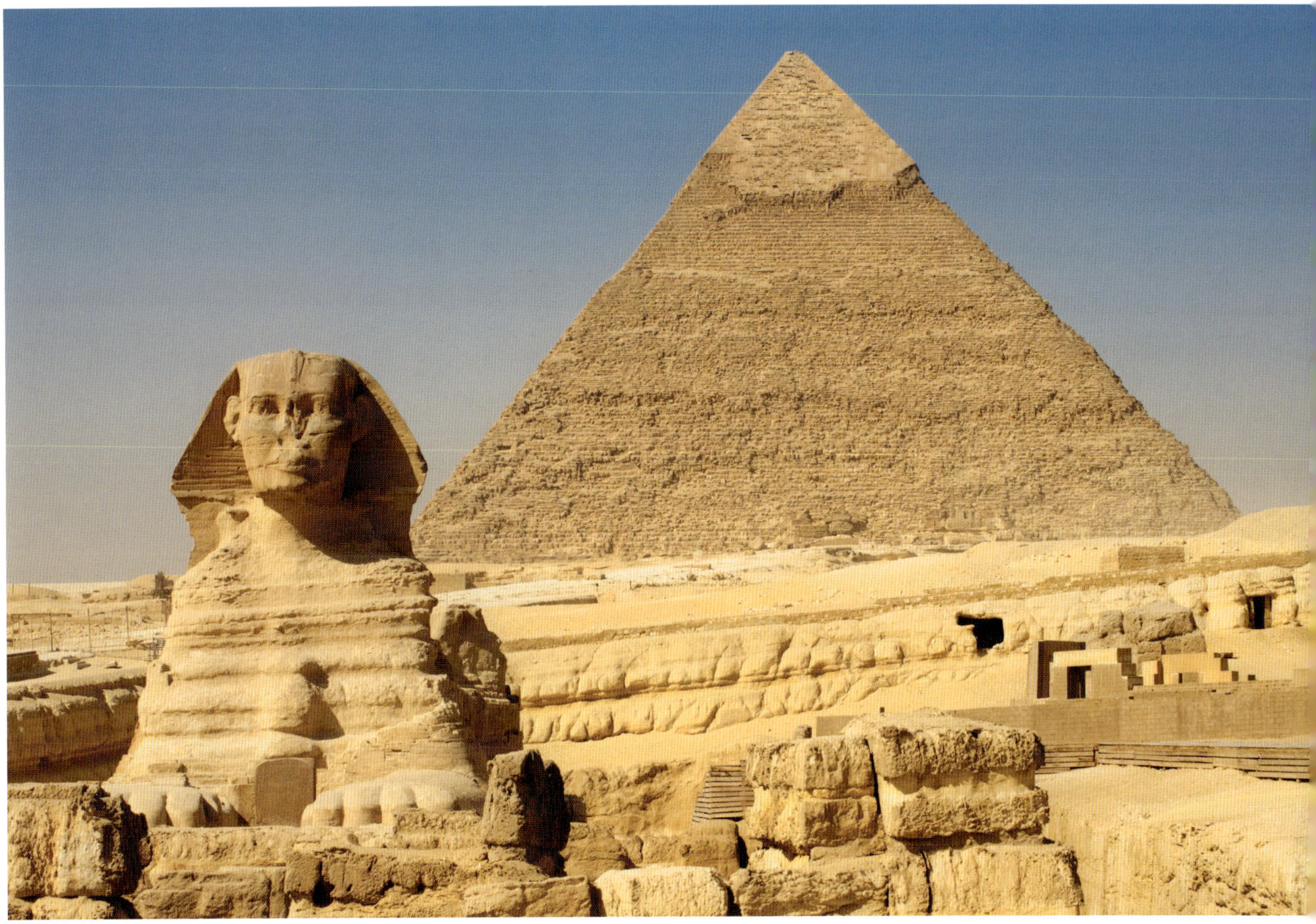

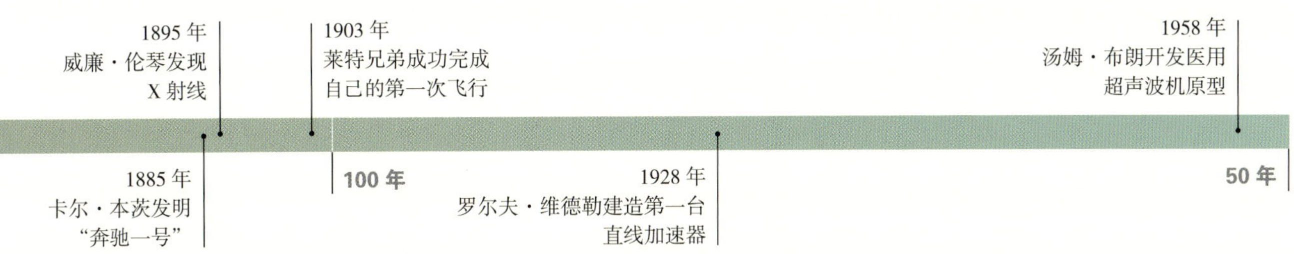

工程学的根源

工程创新最早是通过我们现在所熟知的土木工程大展拳脚的。从古代的美索不达米亚渡槽到罗马的斗兽场，至今都仍彰显着古代工程师们的知识和技能。第一个官方土木工程师是古埃及政府官员伊姆霍蒂普。约公元前 2600 年，伊姆霍蒂普设计和监理了左塞尔金字塔的建造，这个高约 200 英尺的石灰岩结构相当于一座 18 层的现代建筑。约一个世纪后，埃及工程师们又建造了吉萨金字塔。虽然没有推车、滑轮和铁制工具，工程师们还是成功建造了这个 481 英尺高的庞然大物。在之后的约 4000 年里，它一直都是世界上最高的人造结构。

>> 阿基米德螺旋泵是一种利用旋转叶片把水从圆筒中抽取上来的装置。<<

古罗马人因其工程学而闻名。他们建造了横跨亚洲、非洲和欧洲，长达数百英里的道路，作为其帝国的一部分。像亚壁古道（一条 350 英里长向南穿过意大利的小道）这样的道路都是用早期形式的混凝土建造的，还设计有排水沟和防洪用的小路拱。古罗马人的创新还体现在他们的卫生系统上：巨大的渡槽可以把干净水输送至各个城市，下水道网络确保了卫生废品的处理。从交通到卫生，这些古罗马建筑迄今仍屹立不倒，这证明了古罗马人

右图　亚壁古道始建于公元前 312 年

下图　阿基米德螺旋泵是一种输水泵

高超的工程技术。

如果说对高功能基础设施的需求驱动了工程学的发展，那么另外一个驱动力则是冲突和战争。例如，机械工程（即机器设计）进步的部分原因是人们需要制造更新更致命的武器。公元前3世纪，高产的古希腊数学家和工程师阿基米德设计了弹射器、沉船装置和用来移动重物的滑轮系统。除武器外，阿基米德还运用自己的工程知识发明了许多非凡的机器，如阿基米德螺旋泵，这个设备至今仍应用于工业。

你知道吗？

机械工程学也在中国蓬勃发展起来。这里的思想家们发明了地动仪、齿轮战车和液压风箱。

虽然在整个中世纪，特别是伊斯兰世界，人们确实进行了工程创新，但直到17世纪末，现代工程学的理论基础才开始形成。1687年，英国博学家艾萨克·牛顿出版了他的科学巨著《自然哲学的数学原理》，其中就提到了革命性的运动定律。这些定律描述了物体移动的原因和方式背后的物理原理，并为古典力学（即运动物理学）奠定了基础。古典力学以数学为基础，为各行各业的工程师们提供了指导理论。

有了这些理论基础，工程学在18世纪慢慢变成一门独立的专业。与此同时，随着工业革命在英国的开展，土木工程学和机械工程学也开始蓬勃发展。到18世纪末，人们的生活发生了翻天覆地的变化，这是因为工业创新已经开始重塑景观并改造社会。在接下来的19世纪里，工业化的影响将席卷其他国家，从而开创一个工程学的新时代，促使世界各国进行社会转型。

19 世纪的工程学

19 世纪，人们的日常生活方式发生了巨大改变。在许多国家，如英国和美国，大量的人口从农村搬到城市，而随着城市环境的改善和工业的发展，工程师们的机会也增多了。土木工程师们，例如英国的伊桑巴德·金德姆·布鲁内尔、印度的莫克山高达姆·威斯维斯瓦拉亚、美国的本杰明·怀特等，开发了更大规模且更加创新的基础设施项目。与此同时，机械工程师们也开始设计越来越复杂的机器。19 世纪 30 年代，英国数学家查尔斯·巴贝奇设计了自己的分析机，这是计算机的一种机械前体，能够进行复杂的计算。这个世纪还见证了内燃机、蒸汽火车和汽车的发明。除了机械工程学和土木工程学的发展，新的学科也开始兴起了。

下图　几个世纪以来，工程师们开发了规模更大且更具创新性的基础设施项目。克里希纳·拉吉·萨加尔（KRS）大坝建于 1911 年，用于缓解印度迈索尔地区的经常性干旱

名人录——伊桑巴德·金德姆·布鲁内尔

伊桑巴德·金德姆·布鲁内尔是工程学历史上最广为人知的人物之一，也是19世纪最具创新精神和远见卓识的思想家之一。

布鲁内尔出生在一个工程师家庭，他的父亲马克·伊桑巴德·布鲁内尔爵士也是这个领域备受尊崇的人物之一。鉴于这种家庭关系，布鲁内尔于1825年开始在英国的泰晤士河隧道工作。这条隧道深23米，长300米，是第一个此类隧道，在当时是一个惊人的工程创举。

在这之后，布鲁内尔又参与建造了一系列更加宏伟的桥梁。在某种程度上，布鲁内尔之所以能够成为出色的工程师，是因为他的雄心勃勃。1833年，当布鲁内尔被任命为大西部铁路的总工程师时，他开始计划把这条铁路延伸至纽约。按照布鲁内尔的设想，蒸汽火车上的乘客可以在威尔士换乘蒸汽轮船，在大西洋上度过剩下的路程。

布鲁内尔还设计了一系列的蒸汽轮船，其中的第一艘就比之前的任何一艘都要高效得多。这艘“大西路”轮船以布鲁内尔设计的铁路命名，是第一艘定期提供横渡大西洋服务的蒸汽轮船。

时至今日，布鲁内尔的第一个项目泰晤士河隧道仍是伦敦地上铁的一部分，而他设计的许多桥梁，如标志性的布里斯托尔克利夫顿悬索桥，也仍在使用。从轮船到船坞，从桥梁到铁路，布鲁内尔的设计经受住了时间的考验，在英国风景上留下了永远的印记。

右图　布鲁内尔及其轮船下水链，摄于1857年

下图　布鲁内尔在1830年设计了克利夫顿悬索桥，但这座桥梁直到1864年才对外开放

你知道吗?

伦敦现有的排水系统建成于19世纪70年代。在此之前，人们一直都把垃圾扔到泰晤士河里，造成了严重的污染。约瑟夫·威廉·巴泽尔杰特爵士设计的封闭式垃圾处理系统不仅改善了卫生状况，还大大地降低了霍乱等疾病的发病率。

工业革命促使了人们对化学工程师（即专门研究通过化学工艺来生产产品的专家）的需求激增。早些年间，人们主要通过分批加工（即分批制备混合物），或家庭手工业（即在家经营生意）来生产产品。但在19世纪，制造商试图提高效率并提高产量。化学工程师们走在了转向大规模生产的时代前沿，他们设计的化学工厂和工艺使产品的持续生产成为可能。与此同时，1885年，德国工程师卡尔·本茨发明了第一辆汽车“奔驰一号”。但是，这些新机器的运转都需要一种关键的化学物质：石油。因此，从原油中提取可用燃料很快发展成了一个重要工业，世界各地都开始建立大型炼油厂。由于大规模管理复杂的化学工艺需要专业的工程知识，在19世纪末，化学工程和工业经济已经完全融合。

下图　卡尔·本茨驾驶着改良版的"奔驰一号"。这种汽车在1887年开始发售

工业革命

现代工程学的出现与发生在18世纪中叶和19世纪中叶的工业革命紧密相关。这场工业革命首先在英国爆发，随后席卷了世界上的其他国家。这是一个变革的时期，以制造方法的重大进步、大量新产品的涌现和工业格局的显著改变为标志。

但是，这段时期的历史绝不仅仅止于工程和技术的进步，也见证了社会经济和文化的迅速变化。19世纪末，人们的日常生活也发生了翻天覆地的变化。城市化进程、大规模生产、劳动力变化、交通和通信系统进步等都对个人和社会产生了影响。

工业革命的关键因素之一是对效率提高的追求，而先进的工程学和技术则是工业现代化的关键。1712年，英国发明家托马斯·纽科门发明了第一台商用蒸汽机。他发明的发动机——“矿工之友”——被用于从英国的煤矿里向外抽水。1781年，苏格兰工程师詹姆斯·瓦特改进了纽科门的模型，使其效率提高了一倍。除了钢铁生产和纺织制造方面的进步，蒸汽机的发明也是工业化历史上的重大发展之一。改良的发动机为工业提供了一种更高效、更可靠的能源，可以用来为各种工业生产提供动力。

工业革命从英国开始蔓延至比利时、法国、德国、美国和日本，并改变了所到之处的经济和社区。关于工业化发展给劳动人民的生活水平带来了多大程度的影响，尚存有争议。很明显，工业革命也产生了一些负面的影响，如恶劣的劳动环境和拥挤脏乱的生活区。但不可否认的是，工业革命对塑造我们今日所认识的世界来说极其重要。科学和社会都就此改变，不似从前。

上图　各项发明，如瓦特1776年改良蒸汽机，开启了一个工业的新时代

左图　苏格兰工程师詹姆斯·瓦特的画像，1792年

在 19 世纪，热门起来的职业不只有化学工程师。电气工程涉及的是电气系统的设计和功能，如电线和电信。早在 19 世纪之前，学者们就已经意识到了电的现象，但没能实现电的转化潜能。在世纪之交的 1799 年，意大利物理学家亚历山德罗·伏特发明了世界上第一块电池（详见第 135 页）。仅仅 17 年后，年轻的英国物理学家弗朗西斯·罗纳兹就发明了世界上第一个工作电报机。一开始，他的发明招致了那些统治精英的嘲笑，因为他们觉得它没用。但在 19 世纪末，电报系统风靡了一个又一个国家和大陆，首次把世界上互不相通的地区连接了起来。在 19 世纪接近尾声的时候，从白炽灯到电话，电力也已从一种晦涩的现象变成家用商品。随着人们对电器和创新的需求的增加，电气工程师们也做出了越来越多的努力。

上图　弗朗西斯·罗纳兹的电报机，1816 年

现代工程学之路

19 世纪以工程学发展和多样化为特征，这种势头一直延续到了 20 世纪。在现代，工程师的范围变得更加广泛，更多的专业学科也不断地涌现。

1895 年 X 射线的发现是促使人类迈入生物医学工程学这个新时代的早期进步之一。根据德国机械工程师和物理学家威廉·伦琴所做出的首次描述，X 射线是一种高能光束，能够穿透普通光无法穿透的物质，如皮肤、脂肪和肌肉。伦琴的发现引发了一系列新的

你知道吗？

当威廉·伦琴发现这个神秘的 X 射线时，他用它给妻子伯莎拍了一张手部的射线图像。据报道，可怜的伯莎被这次经历吓坏了，她一直惊呼：“我已经预见到了我的死亡！”

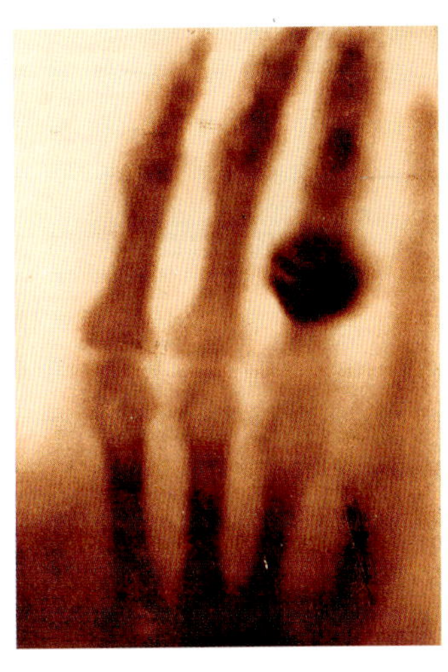

医学发明。这些发明旨在开发X射线和其他形式的高能辐射在诊断和治疗方面的潜能。1928年，挪威物理学家罗尔夫·维德勒建造了世界上第一台直线加速器，即一种可以产生高速亚原子粒子光束的粒子加速器。不久之后，生物医学工程师们利用维德勒的发明研发了一台用于治疗癌症的机器，这台设备在1953年第一次用于放射治疗。

20世纪下半叶，计算机技术的进步给生物医学工程师们创造了更多的机会。1948年，纽约贝尔实验室发明了晶体管，这使工程师创造了新一代的临床植入物和设备。从助听器到起搏器，基于电力的医疗设备变得越来越小巧和高效。计算机技术也有助于新医学成像设备的研发。20世纪50年代，年轻的苏格兰工程师汤姆·布朗研发了第一个医用超声波机器的原型。这个设备有一个用来发送和接收声波的探头和一个电脑处理单元，用来分析声波并建立人体内部的图像。与植入物和设备一样，超声波机器也是众多生物医学创新中的一种，而这些创新都得益于电子和计算机技术的进步。

你知道吗?

晶体管是一种微小的电子元件，可被用来控制计算机等电子设备中的电流。

上图　世界上第一个X射线照片，即伦琴于1895年12月22日给妻子拍摄的手部图像

下图　发明晶体管的贝尔实验室的科学家们（从左到右）：约翰·巴丁、威廉·肖克莱和沃尔特·布喇顿

工程学的进步总是和历史事件息息相关。20世纪，一系列的重大战争刺激了航天工程的迅速发展，这是一个涉及飞机和宇宙飞船的领域。1903年，莱特兄弟试飞成功。20世纪第二个十年，工程师们开始设计用于第一次世界大战的军用飞机。航天技术的创新还造就了一批专业工程师，他们负责调试这些复杂机器的每一个元件。而不久之后，这些航天工程师将会发现，他们已成了某个更有纪念意义的事业中的一分子。1926年，美国航天工程师罗伯特·戈达德首次成功完成了液体推进火箭的飞行。戈达德的研究证明，人类可以用高于音速的速度飞行，这为航天工程师们创造了大量新的可能性。1957年，哈萨克斯坦发射了世界上第一颗人造卫星“哈萨克斯坦之星”，标志着太空探索进入一个新时代。20世纪60年代末，人类第一次登上了月球。在随后的几十年里，宇宙飞船已经能够探索太阳系以外的地方，而所有这些成就都应归功于航天工程师们。在地球上，从电信业到更加强大和高效的计算机的发展，航天工程学促进了这个世界向我们现在所看到的样子的转换。

20世纪是一个工程学高度多样化的时期。除了生物医学和航天航空的应用，工程师们也开始专攻环境科学、工业、机器人和许多其他领域。现在，我们可以看到各行各业的工程师们都从事于越来越技术化和专业化的项目，但是，他们改革创新的精神却从未改变。工程师们创造了我们现在所熟知的世界，也将创造我们的未来。

上图　战争促进了飞机工程技术的发展

右图　工程师是未来的设计者和建造者

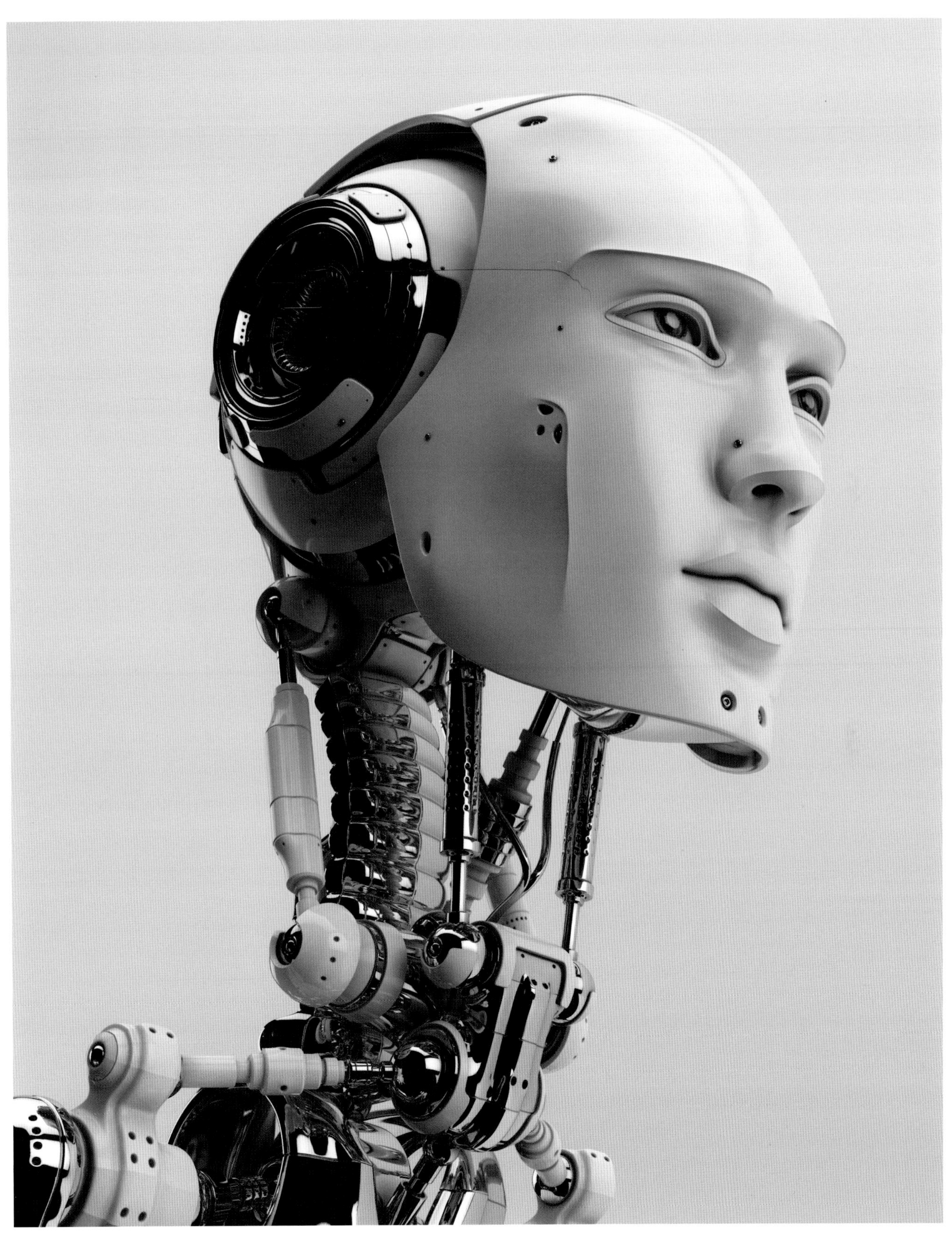

第十一章　地质学

对岩石科学来说，它的领地是那些掩埋的创造物，而它的编年史里则藏着半个永恒国度……

——地质学家、作家和民俗学研究者休·米勒（1802—1856）

忘了你所知道的吧。地质学可不仅仅是关于岩石的科学，还囊括了各种不同类型的科学，而其历史则更是跨越了物理学、生物学和化学等领域。地质学有两大主要分支：一个是关于地球物理过程和特征的研究，另一个则是关于地球历史的研究。这两项研究可以告诉我们很多事情。地质学塑造了人类的生活方式，而且时至今日，它依然是我们生活的基础。地质学有许多实际应用：帮助我们开发资源和产生电力、识别和减轻环境破坏、寻找用于基础设施建造和产品生产的材料。除了直接的实际应用，地质学还能帮助我们了解如今的地球的主要形成过程。通过研究我们地球的自然景观，地质学家们可以帮助我们回望过去，绘制出一幅地球及其居民的历史画卷。

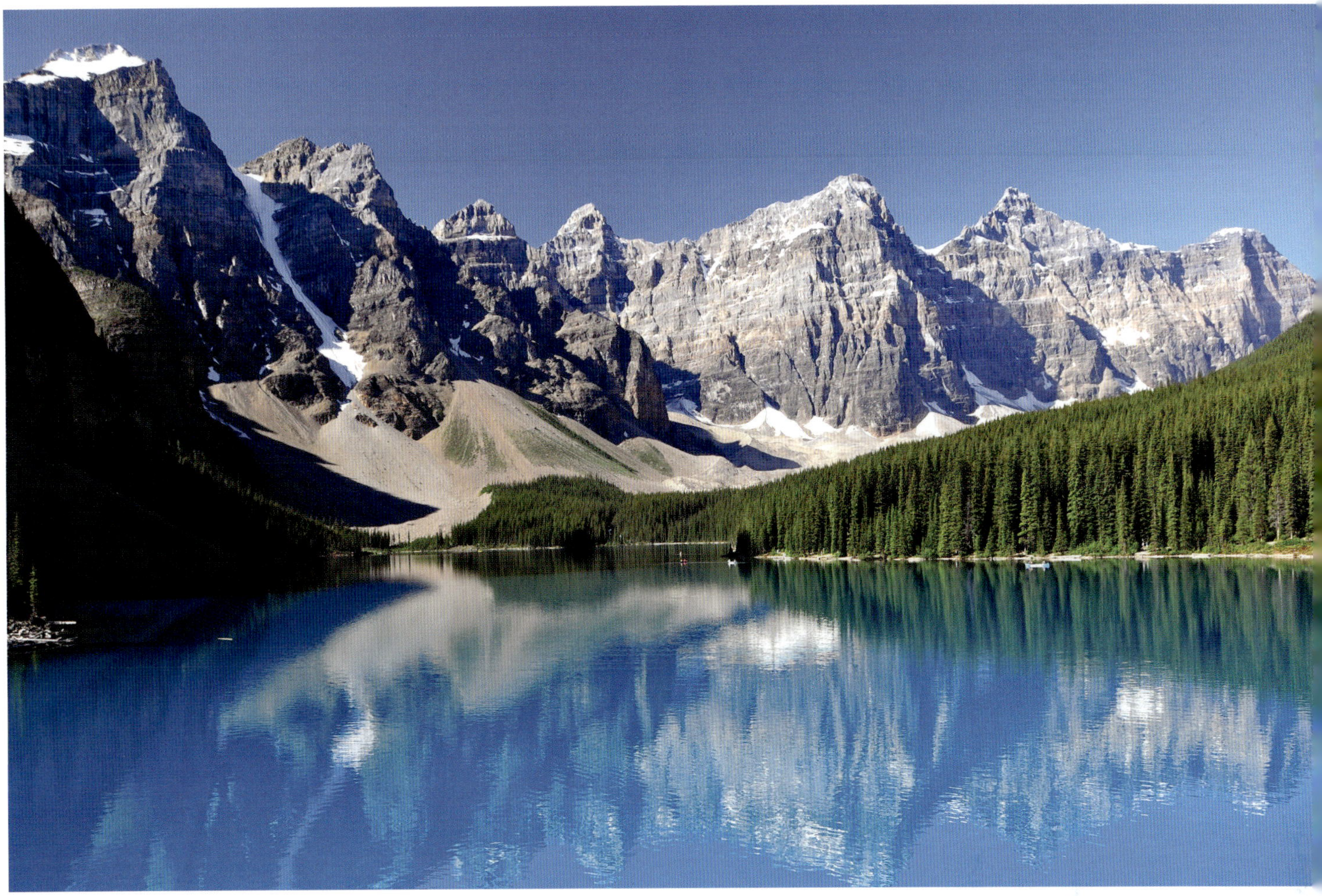

上图　地质学不仅仅是关于岩石的科学：加拿大班夫国家公园的冰积湖

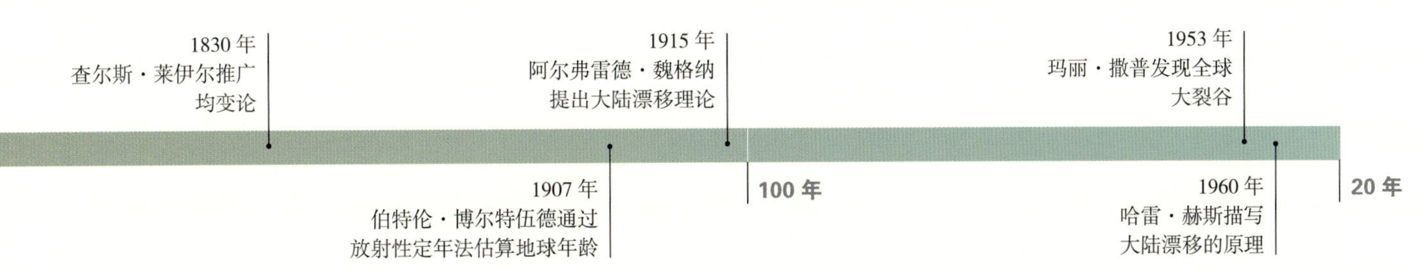

地质学的根源

在还未找到相关的计算方法之前，世界各地的思想家们就已经开始提出关于地球年龄的问题。公元前4世纪，亚里士多德提出，地球的结构和面貌在漫长的时间里经历了缓慢的变化。在几个世纪后的中国宋朝（960—1279），博学家沈括在距离海岸线数百英里的内陆发现了海洋化石，并提出，历经数年，沧海变成桑田。这是已知最早的地貌学理论之一，对陆地形成的描述相当精准。

15 世纪和 16 世纪，人们都以为化石是在地球内部滋长出来的新生命。文艺复兴时期的博学家列奥纳多·达·芬奇则并不这样认为。他来自意大利北部富产化石的托斯卡纳地区，认为化石可能是以前存在过的生命的遗骸。和前辈沈括一样，达·芬奇提出，那些埋藏着海洋生物化石的区域很可能曾经被海洋覆盖，而长时间的水运动则塑造了地貌。

17 世纪，关于地球年龄的争论愈演愈烈，刺激了地质研究的增加，也促进了大量的新发现。虽然神学家们经常辩称地球年龄和《圣经》上的一样，但越来越多的证据表明，地球其实古老得多。1669 年，丹麦科学家尼古拉斯·斯丹诺在研究大白鲨的头部时，发现这种动物的牙齿非常

>> 在地质学中，沉积物是由土壤、岩石和因侵蚀而移动并沉积在各处的生物遗骸组成的固体物质。<<

左图　列奥纳多·达·芬奇认为化石可能是很久以前死去的生物的遗骸

上图　沉积岩，如阿根廷的卡法亚特沉积岩，展示了地球悠久的地质历史

像“舌石”——人们经常发现的嵌在岩石里的物体。因此，斯丹诺建立了一种理论，指出这些舌石实际上就是古代鲨鱼的牙齿，在经过了多年的矿化之后变成了岩石。他还认为，它们先是被埋在了沉积物中，然后随着时间的推移，变成了岩石。最后，他推断出，这些沉积物沉积在水平层中，最古老的在底部，较新的则靠近顶部。这个发现是现代地质学发展所取得的最早进步之一，尽管斯丹诺从来没有公开承认过，但这一发现暗中挑战了许多神学家所宣称的地球年龄。毕竟，像斯丹诺所描述的这些过程需要很长的时间。

在18世纪中叶，地球只有几千岁的说法受到了直接的冲击。当时，法国自然学家乔治·路易·勒克莱尔（即布丰伯爵）通过加热铁球的实验证明了地球可能要古老得多。通过计算加热球体所需要的冷却时间，布丰估算出地球年龄大概为75000年。

虽然人们越来越清楚地感觉到，地球比学者们之前认为的要古老得多，但他们对地质循环的性质仍有很大的争议。18世纪，许多地质学家都相信“灾变”理论。这个理论认为，地貌的形成源于一系列的灾难性事件，就像《圣经》中所提到的大洪水。18世纪80年代，苏格兰地质学家詹姆斯·赫顿对这个观点提出了疑问。赫顿认为，地质的特征是例行活动的循环，而且这个循环跨越了巨大的时间尺度。赫顿还假设道，地球的地质不是由毁灭性洪水或其他灾害塑造的，而是在规律性且可预测的过程中形成的。这个理论被称作“均变论”，在后来引起了激烈的争论。

洪积层说

在《圣经》中，《创世记》讲述了上帝为了净化世界的罪恶而发起一场大洪水的故事。这场洪水淹没了地球的每个角落，而仅有的幸存者是上帝的忠实仆人诺亚及其家人，他们登上了一艘方舟，还把世上每一种生物都留下一对并带上了方舟。

在17世纪，地质学发展迅速，但支持这个领域的科学也面临着宗教思想的挑战。在欧洲，很多人都相信《创世记》所描述的全球大洪水的确发生过，而且是真实地质现象的基础。这一理论被称为“洪积层说”。

当人们在内陆发现海洋生物的化石遗骸时，一些

上图　查尔斯·达尔文对《圣经》中有关地球起源的说法提出了疑问

思想家认为这就是全球大洪水的证据。我们现在都知道，这种现象其实就是数百万年来地貌变化的结果。随着地貌研究的发展，人们发现地球历史比《圣经》所说的年代还要久远，而那些关于大洪水是真实事件的观点也开始淡出视野。当那些被称为“岩石水成论者”的地质学家仍在辩称地质特征是由一系列的洪水造成的时候，神学观点（即以一个出奇年轻的地球为重点的观点）开始在18世纪衰落。

19世纪中叶，洪积层说已基本过时。查尔斯·达尔文于1859年出版的《物种起源》对《创世记》关于地球起源的说法提出了疑问，并进一步削弱了《圣经》作为地质历史的准确来源的可信度。

我们现在都知道，虽然地球也许真的经历过大洪水，但《创世记》里的描述也绝不是对历史事件的真实反映。事实上，热量和压力才是我们现在所看到的地质构造的最重要的决定性因素。这些过程持续了数十亿年——确实，地球历史比我们的祖先所能想象的更加久远，也更加复杂。

上图　《创世记》讲述了上帝为净化世界的罪恶而发起一场大洪水的故事。尽管一再尝试，人们还是没有找到此事件的证据

19 世纪的地质学

19 世纪是地质学迅速发展的时期。在英国，工业革命使人们对煤炭的需求量增加，这反过来也刺激了人们对关于地底和地球构成等知识的渴求。1815 年，英国工程师威廉·史密斯出版了第一张英格兰和威尔士地质图，上面用 23 种不同的颜色表示了不同的地层。在对英国的地层进行了细致入微的研究后，史密斯意识到，每层岩石层都含有其他岩石层没有的化石。

上图　威廉·史密斯开创性的英格兰和威尔士地质图首次出版于 1815 年

在海峡的另一边，法国动物学家乔治·居维叶也进行了类似的观察。居维叶对化石很感兴趣，而且他认识到，化石可以用于计算不同地层的相对年龄。居维叶还发现，最奇异且最难以辨认的化石都被埋在最深最古老的地层里。于是，他总结道，这些化石不属于任何现代物种，而是早已灭绝的生物。

动物物种全部灭绝的观点有力地证明了当时很流行的灾变论，直到 19 世纪 30 年代，苏格兰地质学家查尔斯·莱伊尔出版《地质学原理》，这一状况才得以改变。在这本开创性的文献里，莱伊尔反对了灾变论，并且认为，地质学家们可以通过观察目前周围发生的过程来了解地球的地质历史。莱伊尔提出，虽然地质变化的速度很慢，但的确在以一种标准又可预见的方式发生，而不是通过自然灾害的方法来完成。莱伊尔的著作获得了很大的成功，从而加速了灾变论的垮台。时至今日，虽然科学家们已经认识到了一次性大灾难的地质意义，但他们仍将均变论奉为主要的地质理论。

>> 地层是沉积物沉积的土壤层，通常出现在海洋中。在压力、热量和化学反应的作用下，它们慢慢变成了岩石。<<

名人录——玛丽·安宁

上图　玛丽·安宁是目前公认的古生物学英雄

英国西南部有一段将近100英里长的海岸线，被称为侏罗纪海岸。作为公认的世界遗产地之一，这里的岩石有着始于三叠纪的1.85亿年的地质历史。因此，侏罗纪海岸富产化石。1799年，古生物学家玛丽·安宁就出生在这个有着重大地质意义的地方。但安宁的成长之路与许多同代的科学家们不同。她出身贫穷，因此，和当时的许多女孩一样，她并没有接受多少正规的教育。

在安宁11岁时，她的父亲去世了，还留下了巨额的债务。于是，为了供养母亲和弟弟，安宁不得不开始工作。她承继父业，做了一位化石收藏家，通过把在侏罗纪海岸发现的化石卖给科学家和其他的化石爱好者来谋生。12岁时，安宁和弟弟发现了一具鱼龙（一种最早出现在2.5亿年前的大型海洋爬行动物）骨架。几年后，安宁又发现了第一具完整的蛇颈龙（另一种大型海洋爬行动物）骨架。

随着时间的推移，安宁开始自学地质学和解剖学，以更好地了解自己接触到的标本。等到成年时，安宁已成了古生物学领域的专家。她开了一家商店，专门向欧洲的地质学家和化石收集者出售标本。

然而，尽管安宁知识渊博且本领超群，但她的研究却经常被忽视并从地质报告中删除。伦敦地质学会甚至以性别为由拒绝她入会。但是，随着关于安宁能力的消息不胫而走，她开始闻名于科学界，查尔斯·达尔文的进化论可能也受到她的研究的影响。

虽然在有生之年，安宁都未得到认可，但她是目前公认的历史上最重要的化石搜寻者之一，也是古生物学领域的巨人。

下图　侏罗纪海岸的杜德尔门，横跨英格兰西南海岸，绵延近100英里

> **你知道吗?**
>
> 威廉·汤姆孙在1862年对地球年龄的估算比以往任何时候都要准确，这是因为他运用了热力学技术。但汤姆孙离真实的数字还差得很远，因为他没能解释放射性衰变和对流所产生的额外热量。

随着时间的推移，地质学开始与其他科学领域互相交叉。1862年，苏格兰工程师和物理学家威廉·汤姆孙运用热力学原理计算出地球年龄在2000万年到4亿年之间。汤姆孙认为，地球曾经全部由熔融体组成，然后花了数百万年才冷却到现有的温度。这项研究具有开创性，因为它展示了物理学原理能够帮助地质学家们进行深入研究的方法。随着测定矿物和岩石内物质的新技术出现，化学也开始与地质学有了联系。爱尔兰物理学家约翰·乔利等也试图通过海洋中的钠含量来确认地球年龄。这些估算尽管最终都是错误的，但证明了化学在这个领域的应用潜力。在19世纪接近尾声时，仍有许多未解之谜，但已取得的成果也为现代地质学打下了坚实的基础。

下图　因为大陆漂移，原始超级大陆泛大陆（左）在大约1.75亿年前分裂开来

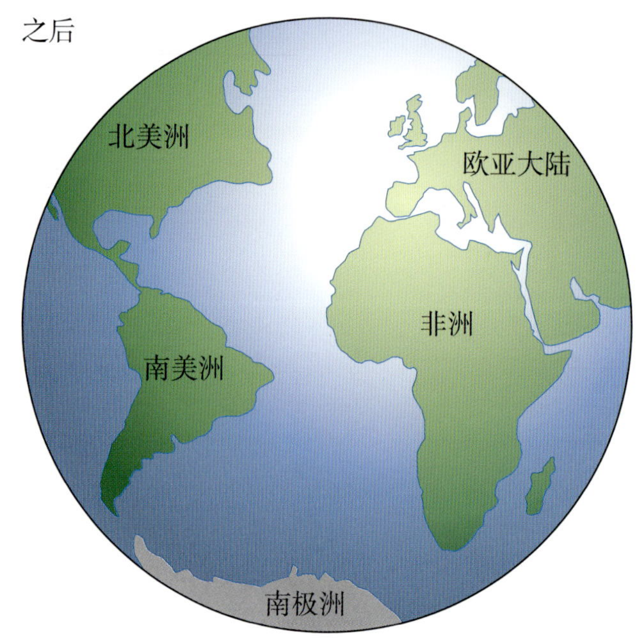

现代地质学之路

在20世纪早期，一项改变游戏规则的技术出现了：放射性定年法。美国化学家伯特伦·博尔特伍德是使用这种方法的先驱者，他以此确认了地球年龄是22亿年。与之前的估算相比，这是一种飞跃。在短短几年间，地质学家们开始接受地球已经数十亿岁的事实。

然而，不久之后，人们又开始了一轮围绕着大陆漂移理论的辩论。1915年，德国气象学家和地球物理学家阿尔弗雷德·魏格纳出版了其极具争议的著作《海陆的起源》。在这本书中，魏格纳认为，所有现存的大陆都曾经连接在一起，组成一个大陆块。他把这个大陆块称为“泛大陆”，并表示，这个大陆块的分裂花了很长时间。这个“大陆漂移”理论一开始并没有被广泛接受，甚至在很多年里，它都被彻底忽视了。

>> 放射性定年法通过测定材料内部的放射性衰变水平和已知的衰变率来估算材料的年龄。<<

几十年后，地质学家们建立了地质学的统合理论——板块构造论，这证明了魏格纳是正确的。板块构造论指的是地球的外壳（即岩石圈）由在熔岩层（即软流圈）上漂移的板块构成。地质特征和活动，例如山脉、地震和火山作用，都是这些板块漂移的结果。

你知道吗?

阿尔弗雷德·魏格纳提出的超级大陆的名字“泛大陆”（Pangea）出自古希腊语“pan”（意为“整个”或“整体”）和Gaia（意为“地球母亲”）。

下图　板块构造论是地质学的统合理论。在这个理论里，地球的外壳被分成几个在地幔上漂移的板块

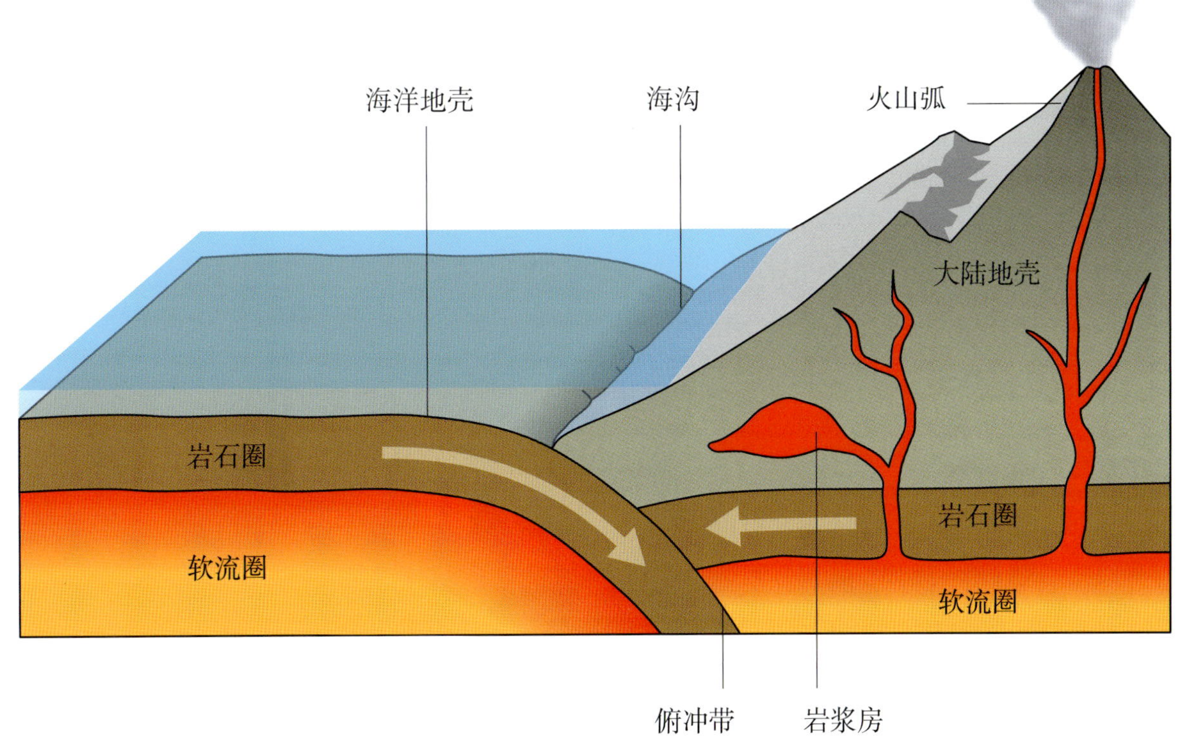

1953 年，由美国物理学家玛丽·撒普、布鲁斯·希曾和莫里斯·尤因组成的团队测绘了一个叫“大西洋中脊”的巨大水下山系。撒普发现，有一条很深的裂谷，即我们现在所说的“全球大裂谷”，横穿了整个山脉。这一地质特征似乎表明，地壳是从这个点开始裂开并分离的。

1960 年，美国地质学家哈雷·赫斯彻底弄懂了其中的原理。赫斯提出，这个裂谷是地球地幔中的熔融岩石沿着海洋中脊向上推挤造成的。这种新物质迫使现有的地壳向外扩张，从而引起海床分离并产生裂谷。赫斯的发现不仅说明了大陆很可能是随着时间的推移才完全分裂的，而且还阐明了其发生机制。

20世纪60年代和70年代，人们逐渐认识到，发生在大西洋中脊的地质活动是板块构造的结果。对海底年龄、海底地壳的岩石型式、火山活动与所提板块边界之间的明显相关性等的研究，都促使了地质学界达成共识，即板块构造论是正确的。如今，我们都知道大西洋中脊是构成地球地壳的一个板块（共七个板块）的边界，而这些板块的运动形成了山脉和峡谷等地质特征，也导致了火山爆发和地震等自然现象。板块构造论之所以被认为是地质学的统合理论，是因为它为许许多多的地球地质特征和现象提供了根本的解释。

尽管人们已经解开了许多巨大的谜团，也停止了诸多的激烈争论，但地质学仍比以往任何时候都要重要。在21世纪，地质学家们探索了更大范围的技术，从卫星图像到计算机建模，以获取对地球科学的更加强大的洞察力。现在，地质学家们帮助我们追踪气候变化，以应对像地震这样的地质灾害，并寻找新能源和其他资源。地球的组成系统既多又杂，但我们可以通过地质学家们揭开围绕着我们称之为“家”的地球的秘密。

左图　板块构造是火山活动的原因，如图中墨西哥中部波波卡特佩特火山喷发的烟雾

上图　地球地壳由七大板块和许多较小的板块组成

第十二章　微生物学

为何如此微小的东西却能如此重要?

——作家和生物化学家艾萨克·阿西莫夫（1920—1992）

微生物学研究的是微生物，如细菌、病毒和其他微观的生命形式。微生物是地球上最丰富的生命类型。据说，地球上的微生物物种比银河系的恒星都要多。甚至在我们的体内，也有上万亿的微生物细胞，可能比我们人类自己的细胞还要多。微生物几乎占据了地球的每个角落，小到制造氧气、处理环境垃圾和污染，大到支撑人类免疫系统和给动物提供食物，微生物与生命息息相关。但是，并不是所有的微生物都对我们有益。有些病毒、病菌、寄生虫和真菌都对其他生命形式（包括人类）非常有害。从疫苗到抗生素，学习如何管理这些微生物一直是医学历史中的一个重要部分。我们越了解微生物，就会越钦佩它们——它们的恢复力、适应性和丰富性都使它们比其他生物种群更加繁荣。虽然人类通常被认为是优势物种，但总的来说，微生物才是真正统治地球的物种。

距今 500 年

1546 年
吉罗拉莫·弗拉卡斯托罗认为种子状孢子引起了流行病

1683 年
安东尼·范·列文虎克发现细菌

200 年

1837 年
特奥多尔·施旺和夏尔·卡尼亚尔·德·拉图尔证明微生物引起了发酵

1865 年
路易·巴斯德建立细菌理论

1879 年
路易·巴斯德发现新的疫苗接种方法

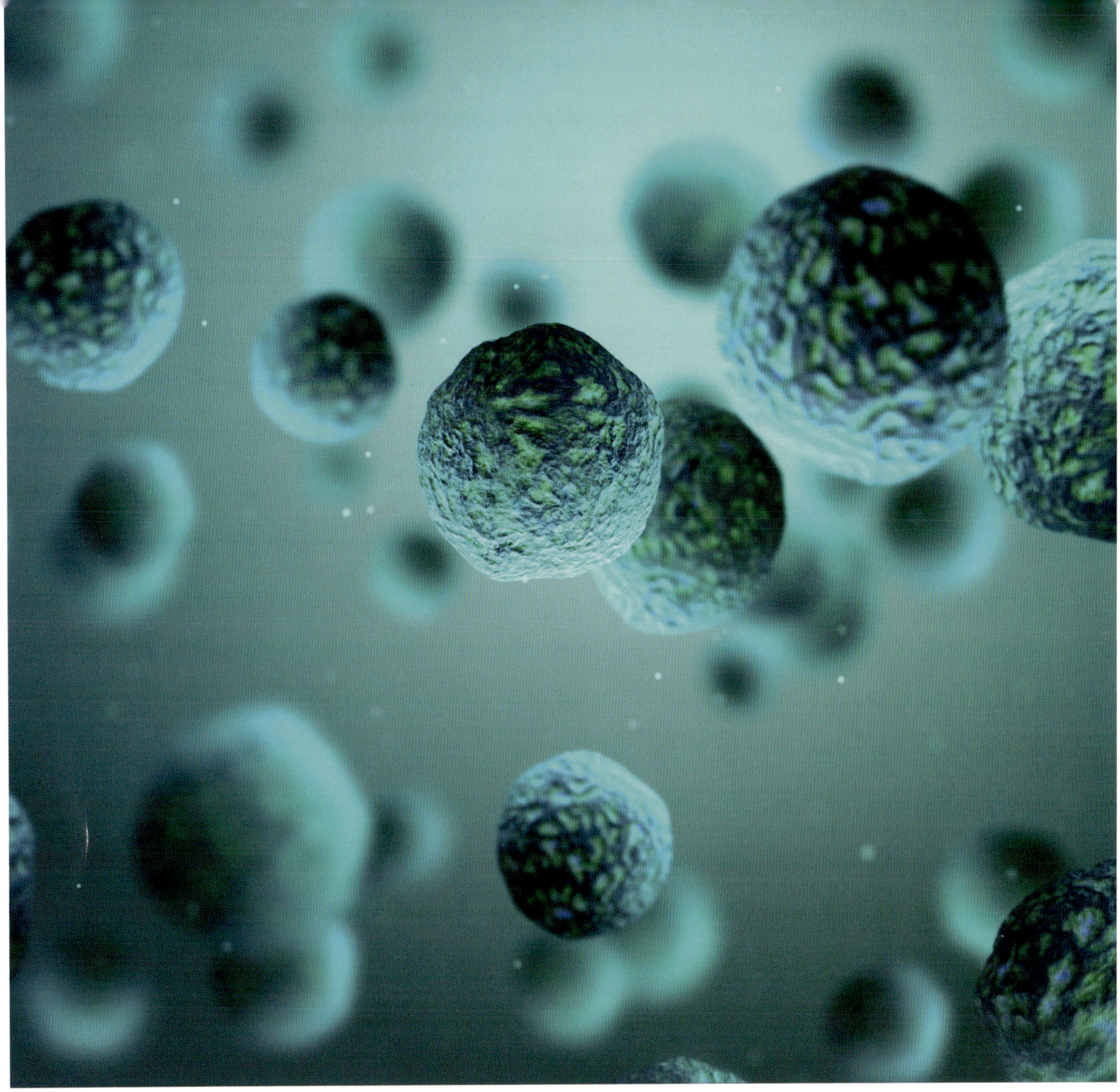

上图　细菌等微生物会引起各种疾病，但它们也是地球上生命的基础

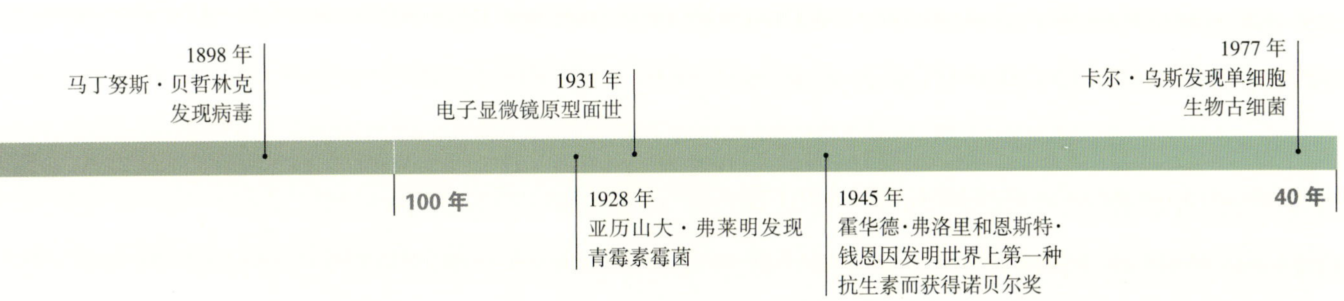

微生物学的根源

在微生物学出现之前，关于传染病来源的观点各不相同。在早期文明里，人们认为流行病是愤怒的神明降下的惩罚，如美索不达米亚的瘟疫之神内尔伽勒。在古希腊，人们相信环境是疾病的成因。例如，沼泽或死水被认为是滋生传染病的温床。这个理念最终演变成“瘴气理论”，即腐烂的有机物污染了空气，有毒的空气传播了传染病，而一旦一个人在不卫生的地方呼吸到腐臭的水汽，他就会被感染。这一理论看似符合逻辑——毕竟，不卫生的环境和疾病之间存在着一定的关联——但是，疾病的原因绝不是空气。不管怎样，瘴气理论还是持续到了 19 世纪。

意大利医生吉罗拉莫·弗拉卡斯托罗的著作首次普及了一种与瘴气理论对立的接触传染病理论。1546 年，弗拉卡斯托罗提出，传染病的根本原因是那些看不见却迅速繁殖的种子状孢子。弗拉卡斯托罗认为，这些孢子通过直接接触、接触病人的衣物等媒介或通过空气引起感染。弗拉卡斯托罗的理论是最先洞悉疾病通过看不见的微生物传播的理论之一，影响了早期的微生物学家。

右图　流行病曾经被视为愤怒的神明降下的惩罚。在这幅木版画里，上帝给予了人类三天的瘟疫

自然发生论

17世纪，思想家们开始关注一场关于生命起源的古老争论的复苏。自然发生论源自古希腊，认为即使没有其他生命物质的存在，生命也可以出现。

根据这个“自然发生”理论，昆虫或哺乳动物完全有可能直接存在，而不通过其他生物的演变。这个理论的支持者们列举了蛆在腐肉里生长的例子。在他们看来，这些蛆就是凭空出现的。

但是，很多科学家并不这么认为。1668年，意大利医生弗朗西斯科·雷迪指出了这种自然发生的不可能性。为了证明这一点，他将腐肉装在很多罐子里，然后用网盖住一些罐子，并完全敞开其他的罐子。结果，敞开的那些罐子里长出了蛆，而因为苍蝇没法进去产卵，盖着网的那些罐子里就没有长蛆。

19世纪中叶，法国化学家路易·巴斯德最终推翻了自然发生论。巴斯德很好奇微生物的来源，但是不相信别人所说的微生物是自然发生的产物。为了验证自己的理论，巴斯德用装满肉汤的弯嘴壶烧杯做了一项实验。空气中的微生物无法通过弯嘴接触肉汤，所以肉汤里没有生命生长。但是在巴斯德卸掉这个壶嘴后，肉汤很快就变浑浊并且腐烂。巴斯德证明了微生物并不是自发地从肉汤中产生的，而是通过空气从外界进入肉汤。最终，巴斯德又进一步证明了就像其他生物体一样，微生物也可以繁殖，这使自然发生论再无立身之地。

右图　路易·巴斯德在巴黎的实验室里使用的烧瓶和其他设备

右图　路易·巴斯德通过一个煮牛肉汤的实验推翻了自然发生论

Flacons provenant
du laboratoire de Pasteur
Tous ces corps ont été préparés
par Pasteur
Les étiquettes sont écrites par lui
Tous ces corps ont été préparés
par Pasteur
Les étiquettes sont écrites par lui

微生物成为一门学科得益于荷兰服装商安东尼·范·列文虎克的研究。列文虎克爱好研磨透镜来制作显微镜。经过多年的努力，他的技术愈加精进，最终制造了一个放大倍数远超先前模型的显微镜。利用这个显微镜，列文虎克观察了雨滴、池塘水、唾液、精液和粪便，并识别了微生物，如精子和滴虫，这些都是未被记录的东西。他把这些微小的生物称为“微生物”。1683年，列文虎克通过自己的显微镜发现了一种新型微生物：一种源自人类口腔的新月状微生物。虽然当时列文虎克还没意识到自己发现的就是细菌，但他的这一发现的确比科学界的其他人早很多。

>>“纤毛虫类”是对淡水池塘里的一群小型水生生物的统称。<<

上图　荷兰微生物学家安东尼·范·列文虎克发现了细菌

19 世纪的微生物学

在 19 世纪，人们清楚地认识到了微生物的广泛性和影响力。1837 年，德国生理学家特奥多尔 · 施旺和法国工程师夏尔 · 卡尼亚尔 · 德 · 拉图尔都证明了发酵的过程是由微生物引起的。在此之前，科学家们曾设想过发酵只是一种化学反应，但这些发现证明了酵母其实是活的。

名人录——伊格纳兹 · 塞麦尔维斯

伊格纳兹·塞麦尔维斯于1818年出生在匈牙利。他通过引入可减少微生物感染的防腐处理法，如洗手，改革了医疗实践。

19 世纪 40 年代，在接受了医生培训后，塞麦尔维斯被派遣至奥地利维也纳的一家产科诊所工作。在这里，他注意到，由医生和医学生接生的初产妇的死亡率竟然比由产婆接生的高。医院的很多女人死于产褥热（即一种产后生殖器官感染）。于是，塞麦尔维斯认为，这些死亡都与医生和医学生在工作中进行的尸体解剖有关。他提出，产褥热是一种传染性疾病，通过医务人员的双手从因病致死的病人身上传给产妇。

塞麦尔维斯还进行了一项试验，结果表明，如果在检查病人之前，临床医生用漂白粉洗手，那么死亡率将从高于 18% 下降到仅高于 1%。然而，当塞麦尔维斯发表这些理论时却受到了大家的质疑。许多医生都认为这种感染是一种偶然且不可避免的事情。

由于接受不了这些质疑，塞麦尔维斯最终精神崩溃，并住进了精神病院。不久之后，他就死于感染。尽管塞麦尔维斯没能活着见证这一切，但他的研究的确启发了抗菌法的先驱们，如英国医生约瑟夫 · 利斯特。现在的“塞麦尔维斯反射”指的就是这种情况，即人类会条件反射般地拒绝新观点和新证据，因为它们与既定规范互相矛盾。

下图　布达佩斯的哀悼者们正在向"母亲救世主"伊格纳兹·塞麦尔维斯致敬

M
a
R
B
R'
B'
b
c
A
C
F
D
H
E
G
P

你知道吗?

巴斯德对微生物的研究引发了许多关于食物防腐的新发明，包括巴氏杀菌。

19 世纪 50 年代和 60 年代，法国化学家和微生物学家路易·巴斯德进行了一系列的实验，并开创了微生物学科学。巴斯德很明白，如果微生物可以改变食物的状态，那么它们也可以改变健康和疾病的状态。1865 年，当瘟疫正在大举侵害法国的蚕丝业时，巴斯德发表了一个关于瘟疫疾病的理论。他发现，如果健康的蚕接触了患病的蚕，那么它们就也会生病；但是，如果隔离受感染的蚕并对环境进行消毒，那么疾病就会停止传播。和其之前关于空气中存在微生物的发现一起，这项研究帮助巴斯德建立了疾病的微生物理论。这个理论认为，感染是由看不见的微生物引起的，并且可以通过直接或间接接触在人与人之间传播。

巴斯德关于微生物和疾病的实验并没有就此结束。1879 年，他先是给健康的鸡注射了一种已被毒性弱化的细菌。结果，虽然这些鸡病了一段时间，但却没有像他预想的那样死亡。于是，巴斯德又给这些鸡注射了足量的致命细菌，然后发现，这些鸡根本就没有生病。由此，巴斯德发现了一种新的疫苗接种法，并立刻开始研发其他疾病的疫苗，如炭疽和狂犬病。

左图 19世纪50年代中期，路易·巴斯德接受了一位酿酒商的委托，开始寻找啤酒变质的原因。巴斯德发现，发酵是由特定的微生物引起的，如果有其他微生物进入啤酒，那么啤酒就会变质。他还发现，加热啤酒可以减少微生物的数量并保持酒精产量和啤酒质量

右图 1881 年，巴斯德开始把疫苗接种的原理应用于正被炭疽病毒大举侵害的法国羊群。他的这一做法取得了成功

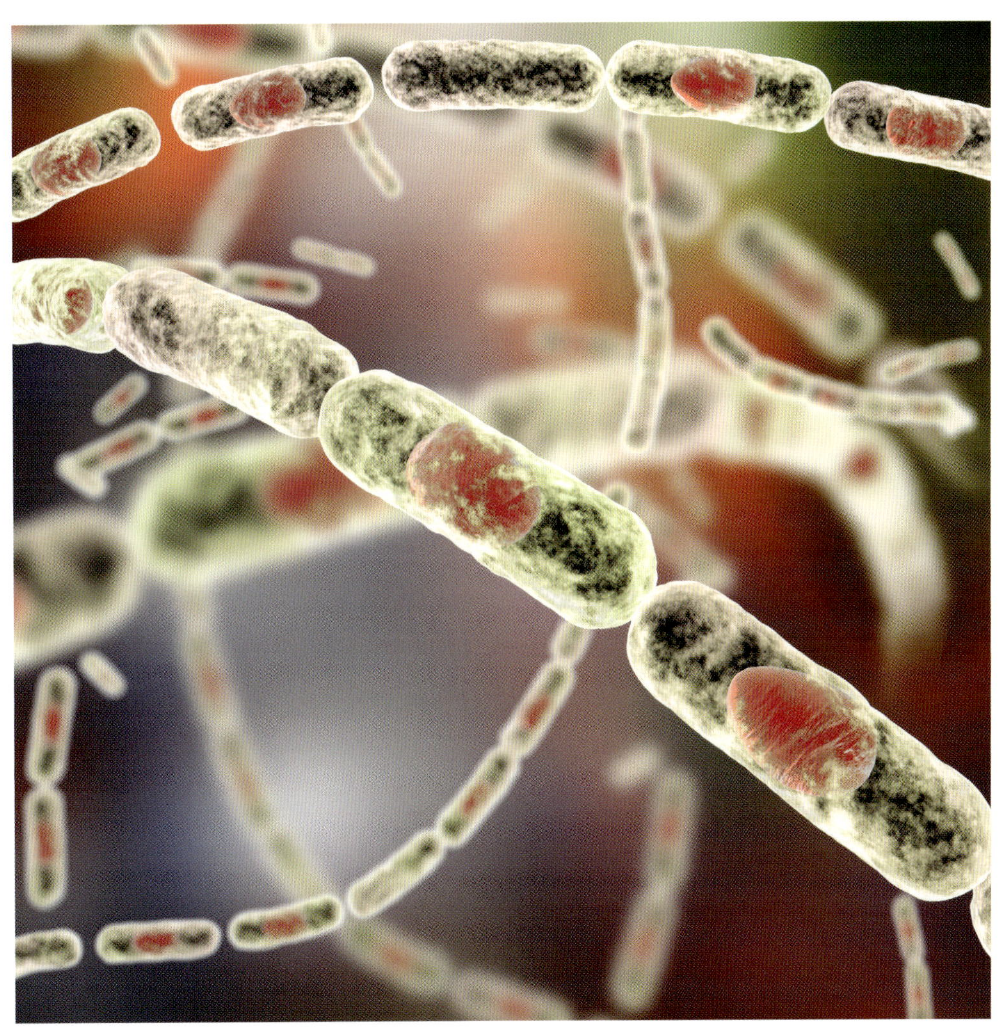

在之后的十年里，随着德国科学家罗伯特·科赫研究出了证明特定的微生物会引发特定的疾病的方法，疾病的微生物理论逐渐站稳了脚跟。这个后来广为人知的“科赫法则”设计了一个可以用来确定微生物和疾病之间的因果关系的流程。通过这个方法，即分离微生物并测试它们对健康生物的影响，科赫识别出了引起炭疽、肺结核和霍乱的细菌。在之后的几年里，关于细菌及其与特定疾病的关系的发现大量涌现，科学家们也不断扩展着他们关于微生物世界的知识。

19 世纪末，微生物学家们开始觉察到一种新型的威胁：病毒。19 世纪 90 年代，荷兰微生物学家马丁努斯·贝哲林克研究了一种影响烟草植物的疾病。像往常一样，他试图通过过滤来分离隐藏在疾病背后的细菌，但什么都没能过滤出来。这表明，导致这种疾病的细菌比普通的细菌要小。由此，贝哲林克意识到，这是一种极其微小的全新的微生物，并将其称为“病毒”。很快，人们也越来越清楚地意识到，病毒是许多疾病的根源，而且是一种完全独立的微生物。

在世纪之交时，微生物学存在的前提已经从理论变成了既定的现实。我们在发展对微观世界的认识的同时，对生命的理解——生命的起源和定义——也在加深。在 20 世纪初，这个领域已具备了新领域延伸的基础，而在之后的一百年里，微生物学开始和许多不同的科学领域互相交叉。

右图　罗伯特·科赫研究出了证明特定的微生物会引起特定的疾病的方法

>> 分类学是根据事物（通常是生物）的共同特征对其进行分类。<<

菌感染的预防措施。万幸的是，这种情况在1928年开始发生改变。当时，苏格兰细菌学家亚历山大·弗莱明正在研究葡萄球菌，但在度假回来后，他却发现葡萄球菌被破坏了。这些样本染上了一种霉菌，而这种霉菌似乎侵蚀了葡萄球菌并使其停止生长。虽然弗莱明意识到这种霉菌可以作为抗感染药物，但他没有足够的资源和化学知识来进行研发。20世纪40年代，装备精良的科学家霍华德·弗洛里和恩斯特·钱恩把弗莱明的霉菌培育成了世界上首个抗生素——青霉素。这是人类第一次有了抵抗细菌的坚固防线，而这个发现也在后来拯救了约2亿人的生命。但是，在发表诺贝尔奖获奖感言的时候，亚历山大·弗莱明提醒人们滥用抗生素的危害并警告说，随着时间的推移，抗生素可能会失效：这就是我们现在面临的问题。

在弗洛里和钱恩发布他们的特效药的那个年代，工程师们也研发出了第一台电子显微镜。这个装置用的是电子而不是可见光来提供更清晰的样本图像。有了电子显微镜的帮助，微生物学家们开始正确地研究病毒和其他

现代微生物学之路

在20世纪，微生物学蓬勃发展并延伸至新的科学领域。在20世纪的前几十年里，人们早已研制出了保护人体免受危险病毒侵害的疫苗，但仍未找到针对细

上图　亚历山大·弗莱明偶然发现了青霉素，这是抗生素的基础

你知道吗?

病毒并不是真正地活着，至少不是以我们可以识别的方式活着。和细菌以及其他病原体不同，病毒不是由细胞构成的，所以不能独立繁殖。它们需要一个宿主细胞为其提供生长所需的资源。

极小的微生物。与此同时，新培养方法的引入也意味着科学家们可以在实验室培养病毒并根据需要进行研究，这也促进了微生物学的快速发展。微生物的有效培养也支持了生物技术的发展：一个用生物来制造商业产品（如药品）的领域。通过微生物培养，20 世纪的科学家们既能生产药物，如各种疫苗和药品，也能进行工业创新，如抗虫害作物。

在 20 世纪，微生物研究飞速发展，其范围从遗传学扩展到地球化学。在结构生物学方面，20 世纪 70 年代 DNA 测序技术的出现为微生物学家们提供了全新的研究途径，从此他们能够探索病毒、细菌和其他微生物的基因组成。20 世纪 70 年代，名叫卡尔·乌斯的美国微生物学家提出了一种新的微生物物种：古生菌。这是一种有着自己独特特征的单细胞生物。古生菌能够在地球上最极端的环境中生存，如沸腾的温泉和海洋的深处，而且还支撑着各种不同的生态系统。

下图　微生物培养帮助科学家们研究出了抗虫害作物

虽然在20世纪，科学家们发现了微生物的规模及其对地球的重要性，但我们需要了解的仍有很多。微生物拥有各种各样惊人的能力，而如何利用它们的这些能力则是微生物学家们将面临的重大挑战之一。从农业改善到垃圾管理，微生物早就在工业中稳步发展，而且还有可用于支持各种工业流程的潜力。

但是，对人类来说，微生物既是有用之物，也是致命之物。虽然现在，我们更好地掌握了如何利用和应对微生物，但重要的是，我们要时刻记住我们面对的是什么。随着抗生素逐渐失去效力，新的流行病突然在世界各地暴发，我们应谨记，微生物控制着我们周围的环境，而科学家所做出的巨大努力都是为了保护我们免受这些地球最强生命体的侵害。

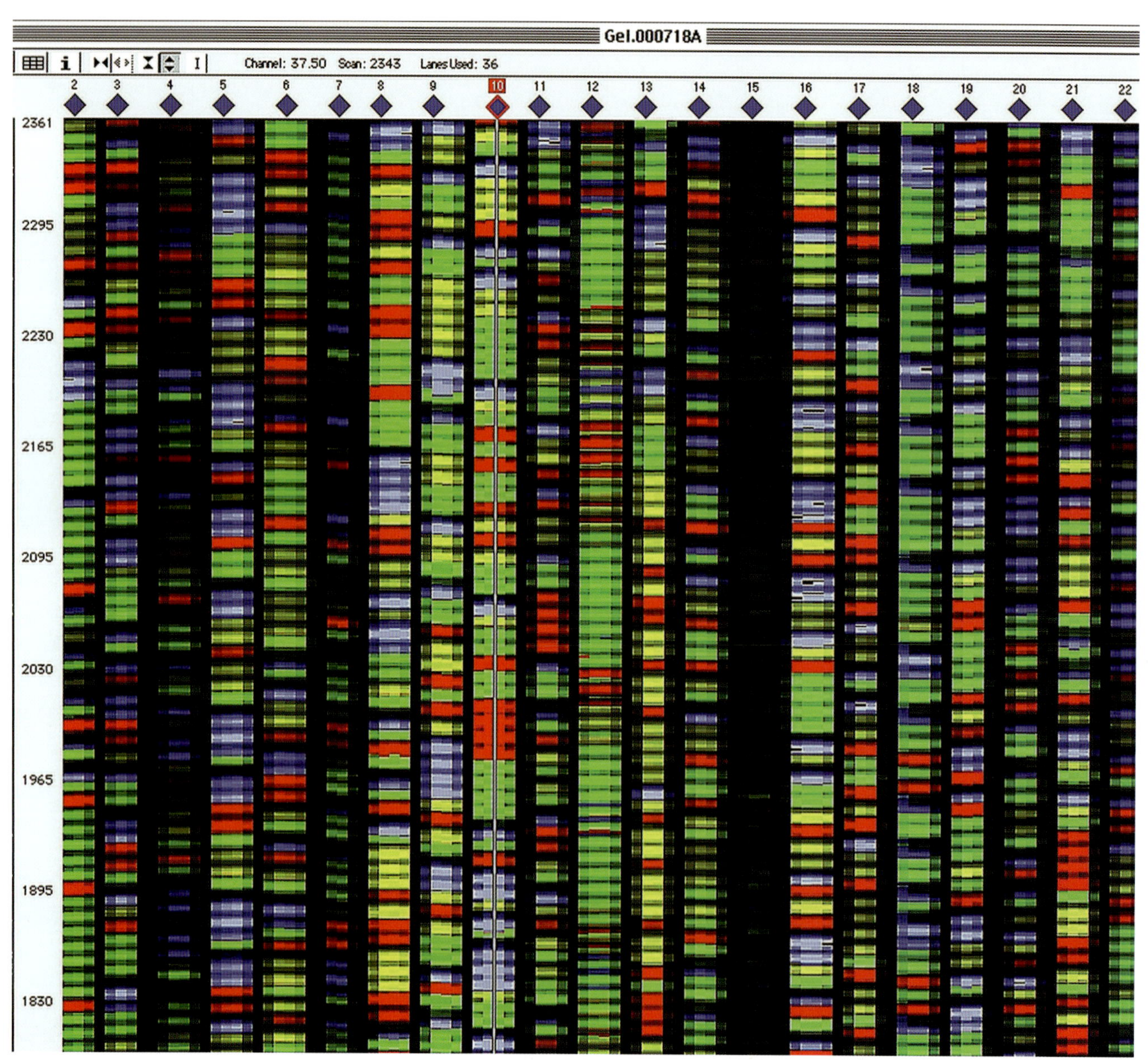

左图　DNA 测序过程的最终结果。每种颜色都代表着组成 DNA 的一种基本化合物（共四种：腺嘌呤、鸟嘌呤、胞嘧啶和胸腺嘧啶）。可产生这种结果的 DNA 测序技术彻底改变了微生物学领域

上图　从垃圾管理到农业改善，微生物被应用于许多工业生产过程。例如，通过溶解土壤中的磷，微生物促进了甜菜等植物的吸收并加速了它们的成长

第五部分

20 世纪和 21 世纪

19 世纪，科学的进步通常是实用性和现实性考虑驱动的产物。新的机器和药物能让日常生活变得更加便利，也让民族、国家变得更加富强，这些都是科学发展的主要驱动力。20 世纪和 21 世纪，科学研究的重心转向一种更加抽象和偏理论的方法，这种方法从此改变了科学景观。

20 世纪的第一年就见证了物质量子理论的雏形，以及紧随其后的一场革命，这场革命改变了人们关于主宰自然界的物理定律的常识。在随后的几年里，科学视域拓展至不可见或几乎难以觉察的物质单位。与此同时，研究人员也开始更加积极深入地探索神奇且无限的宇宙。

和科学史上的大部分时候一样，这些发现不可避免地受到了地理政治和社会因素的刺激和引导。粒子物理学发展部分得益于原子武器的研究，而天文学和太空科学的繁荣则是冷战竞争的结果。毫无疑问，两次世界大战的恐怖也催生了大量的新技术和新思想。

反过来，我们也看到了技术发展在科学进步中起到的根本性作用。20 世纪，高级电子显微镜的出现让科学家们能够探索生物世界里无法想象的细节，强大的成像和卫星技术也让 1990 年哈勃空间望远镜的发射成为可能。从此，我们能够以一种与众不同的视角来观察宇宙的广阔世界。

20 世纪和 21 世纪，科学家们提出了日益复杂的概念和问题，其中很多仍未得到充分的解答。21 世纪初，科学景观经历了翻天覆地的变化。我们现在比以前研究得更深，探索得更远，也理解得更多。我们发现，世界比我们所想象的复杂得多。

左图　技术进步让我们对宇宙有了与众不同的见解，例如这张美国宇航局（NASA）所拍摄的遥远星云

第十三章 物理学

当一个人思考永恒的神秘、生命的奥妙和现实的奇迹结构时，他会情不自禁地心怀敬畏。

——理论物理学家爱因斯坦（1879—1955）

有时候，人们会说，物理学是科学最纯粹的形式，因为它专注于自然的基本规律。作为研究能量、物质及两者之间相互作用的科学，物理学提出的都是大问题，例如“物质由什么组成”“什么导致了物质的行为方式”等。

物理学研究有着数千年的历史，我们要学习的仍有很多。伽利略和牛顿等科学巨人所创立的古典物理学与阿尔伯特·爱因斯坦、马克斯·普朗克及其同时代人所创立的现代物理学大相径庭，但它们的目的却是相同的，即了解自然的基本特征。这是一个科学家们如何致力于揭开宇宙谜题的故事，也是一个我们发现物理世界比我们所想象的复杂得多的故事。

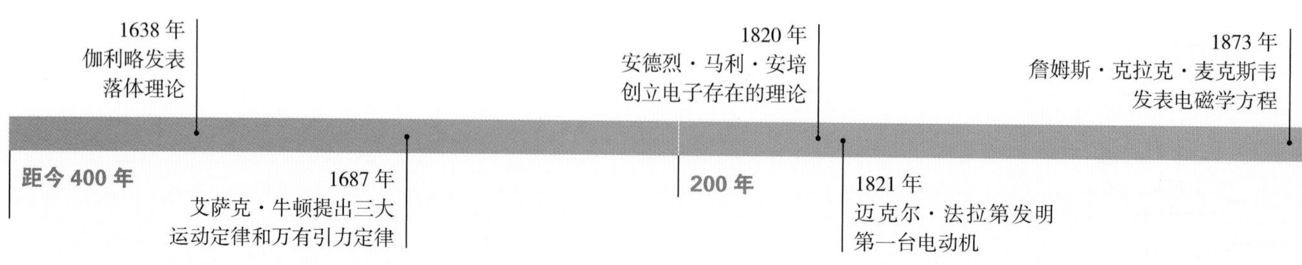

上图　2000 多年前，德谟克里特提出了世界由原子组成

1887 年
亨利希·鲁道夫·赫兹
观察到光电效应现象

1905 年
爱因斯坦提出
狭义相对论

1916 年
爱因斯坦提出
广义相对论

1932 年
中子的发现完成
原子模型

2012 年
希格斯玻色子（一种
亚原子粒子）被发现

右图　伽利略著名的思想实验是比萨斜塔的"铁球实验"

上图　牛顿的运动定律解释了物体在运动、静止和受力时产生不同行为方式的原因

物理学的根源

物理学的早期历史与其他科学领域的发展密切相关，如哲学、数学和天文学。这门学科的雏形起源于古希腊。那里的学者们都着迷于各种物理学大问题，并致力于创立各种宇宙和物质理论。

但是，物理学的故事真正开始于 16 世纪晚期的意大利。在这里，博学的伽利略用其著名的思想实验奠定了古典力学（即关于物体运动的物理学）的基础。伽利略辩称，如果忽略导致羽毛缓慢飘落的空气阻力，那么即使物体的重量不同，它们的下降速度都相同。这个构想十分重要，因为它表明了促使物体落地的只有重量，没有其他。

17 世纪，英国博学家艾萨克・牛顿对此做出了解答。1687 年，牛顿发表了三大运动定律和万有引力定律，这些理论都解释了物体在运动、静止和受力时产生不同行为方式的原因。牛顿提出，万有引力是一种普遍存在的力，它使宇宙中所有的物体都靠得更近。他辩称，引力作用小到可以让苹果掉到地面，大到可以让行星沿轨道运行。牛顿的研究非常具有开创性，但离 20 世纪科学家们重新研究的理论还有些差距。

你知道吗?

原子的概念由来已久。古希腊人是首批接近精确物质理论的人。早在公元前 5 世纪，前苏格拉底哲学家德谟克里特就提出，所有的物质都由无数不可分割的粒子（即“原子”）组成。

热力学

热力学是物理学的一个重要分支，起源于18世纪。它研究的是热量和机械功（即力传递的能量）等其他形式的能量之间的关系。它的诞生在很大程度上是因为许多物理学家都对物体升温和冷却背后的科学原理感兴趣。

18世纪80年代，法国化学家安托万·拉瓦锡（详见第130页和132页）提出，热量是物体从热变冷时产生的一种流体（“热质”），所以物体的热量取决于它含有的热质数量。在“热质说”下，热量是一个“守恒量”，这意味着它以固定的数量存在，你不能凭空创造或者毁灭它，而且它也只能由一个物体传递给另一个物体。很明显，这个理论存在着很多问题。例如，它无法解释摩擦生热的现象。

1798年，美国物理学家本杰明·汤普森（即著名的拉姆福德伯爵）花费了数小时才在浸水炮筒上钻了个洞，但却只花费了两三个小时就用摩擦所产生的热量把水烧开了，这证实了热量可以被无限地创造。拉姆福德的发现挑战了“热质说”，因为它表明，既然热量可以随时被创造，那么物体也就没有固定数量的流体类热量，更别提将该热量传递给其他物体了。

上图　尼古拉·卡诺提出了一些热力学的基本原理

19世纪，热力学科学开始成形。1825年，法国物理学家尼古拉·卡诺推断出了发生在热机内部的各个流程背后的科学原理。卡诺本来只是想提高蒸汽机的效率，但他的研究同时也建立了部分热能行为背后的基本原理。在之后的几十年里，科学家们制定了热力学的基本定律。这些定律认为，宇宙的能量守恒，既不能被破坏也不能被创造，而且用于功的能量数量会随着时间推移递减为常数。自此，热力学定律成为科学的指导力量和现代物理学的基石。

效率（%）=（T_2−T_1）/T_2
p=压强；V=容量；t=温度；S=熵
等温
等温
1
2
3
4
Q_2
隔热
Q_1
隔热
1
等温
燃烧
压缩冲程
p
2
动力冲程
隔热
4
排气冲程
3
V
压容图
1 等温
T_2
2
T
隔热
T_1
4
3
S
温熵图

左图　卡诺热机循环，它阐明了发生在热机内部的物理现象

左图 迈克尔·法拉第发明了第一台电动机

从18世纪到19世纪，电力研究开辟了一个全新的物理学领域。1820年，丹麦化学家和物理学家汉斯·克里斯蒂·奥斯特发现，当电流流经导线时，指南针上的磁针位置会移动，而且移动的方向与电流的方向一致。同年，法国物理学家安德烈·马利·安培证实，如果电流的流经方向相同，那么两根平行的导线就会相互吸引；如果电流的流经方向相反，那么这两根导线就会互相排斥。安培还发现，这种力的大小取决于这两根导线的长度及其之间的距离。因此，他创立了一种理论，这个理论认为，存在着某种既能负载电流又能负载磁性的“电动力学分子”。其实，安培所描述的就是我们现在所说的电子，这为电磁学奠定了基础。

自此，电磁学开始了真正的飞速发展。1821年，英国物理学家和化学家迈克尔·法拉第发明了第一台电动机，这是一个利用电流和磁场之间的相互作用来产生电磁力和电力的装置。10年后的1831年，法拉第证明了，动能可以通过电磁感应转化为电能，这一现象后来成了风力涡轮机和水力发电厂等发电机的基础。

>> 电磁感应是磁铁通过变化着的磁场而产生电流的过程。<<

19世纪下半叶，苏格兰物理学家詹姆斯·克拉克·麦克斯韦整合和拓展了上述研究和其他的研究，并表述了他的革命性理论，这个理论统一了电和磁。麦克斯韦不仅制定了一系列方程来解释电磁学背后的数学原理，而且还创立了一个统一理论，这个理论认为，电、磁和光都是同一现象（即一种同时含有磁场和电场的波能）的组成部分。麦克斯韦的研究解开了古典物理学最大的谜团之一，并为之后的物理学新时代做好了准备。

下图 法拉第火花线圈发明于1831年，被用来证明磁力可以产生火花

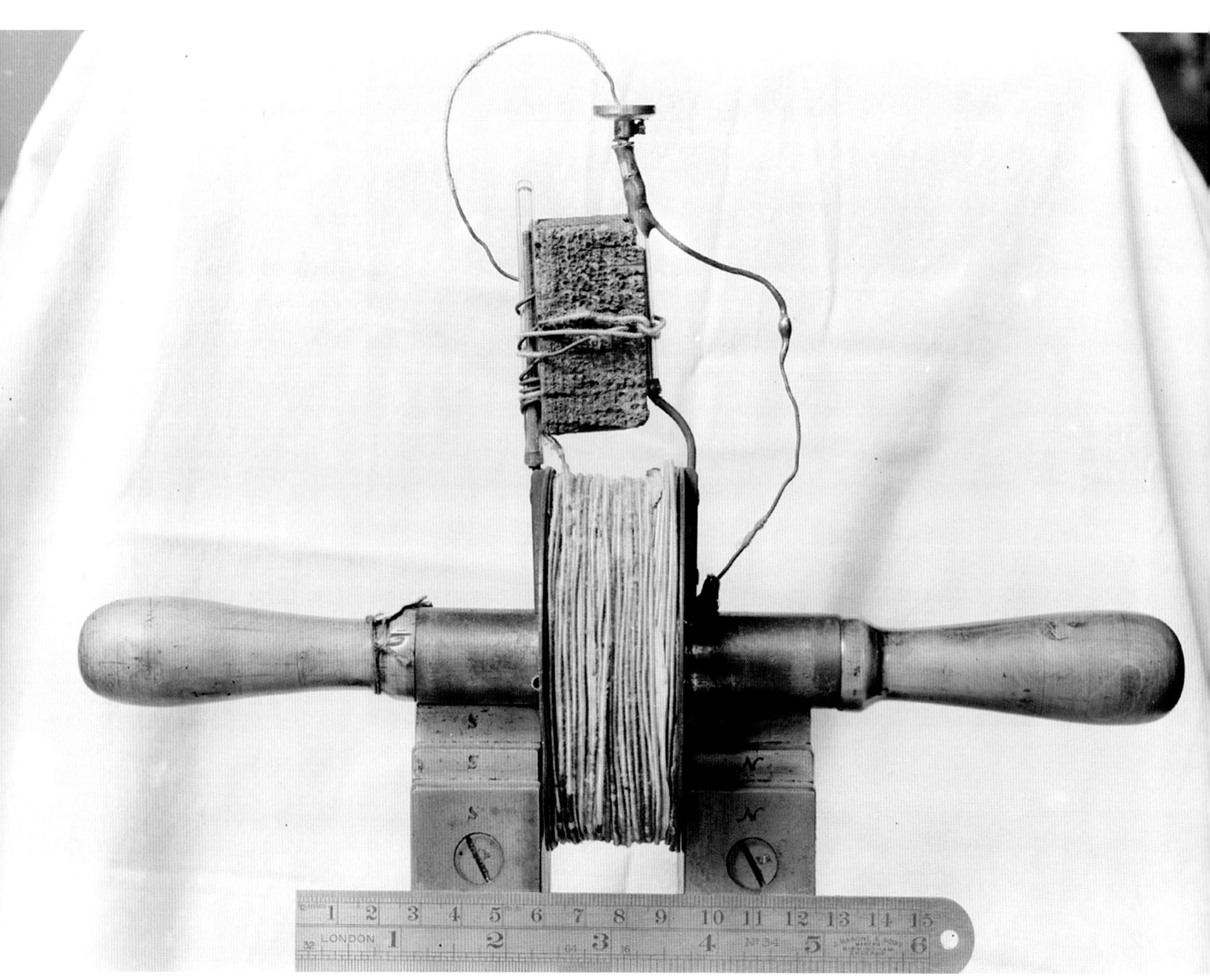

现代物理学

20世纪初，人们一度感觉物理学几乎完成了它的使命，因为我们早已探索了宇宙中所有的未知，并且差不多全面了解了自然规律。但在20世纪，新一代的物理学家们发现了现有定律无法解释的现象。不久以后，人们才恍然大悟，牛顿及其同代人所建立的古典物理学只能解释在可观测宇宙中所发生的现象。当物理学家们在一些极端情况下（如在可想象的最小和最快水平上）研究能量和物质的行为时，他们发现，所有的既定规则都被打破，并被新的定律接替。

古典力学最早于1887年显示出了它存在问题的迹象。那一年，美国物理学家阿尔伯特·迈克耳孙和爱德华·莫雷的团队经历了一次历史上最著名的实验失败。他们想要证明以太（一种被认为填补了宇宙空白空间的神秘物质）的存在。当时的物理学家们相信，和声波在空气中传播的方式一样，光通过以太传播。迈克耳孙和莫雷试图通过检测以太干涉光速的方式来证实它的存在。但是，即使他们尽了最大的努力，还是发现光速未发生任何改变。

这无疑给物理学家们带来了一个难题。1905年，德国专利局职员阿尔伯特·爱因斯坦提出了一个解决方案，即狭义相对论。在爱因斯坦的理论下，光并不需要通过以太或其他任何介质进行传播。他认为，无论怎样，光都保持恒定，并且光的传播速度最快。事实上，爱因斯坦辩称，光速是唯一恒定的东西，而其他东西（如时间等）都是可变的。爱因斯坦还认为，时间的变化取决于你所在的空间位置，所以，一分钟、一小时或者一年的性质都取决于物体移动的速度。爱因斯坦推论，对移动较快的物体来说，物理时间会变慢。如果这听起来有点令人费解，那是因为它的确如此。爱因斯坦的理论完全推翻了该领域的传统智慧，也挑战了宇宙表面上的逻辑和秩序。

爱因斯坦并未就此收手。不久之后的1916年，他

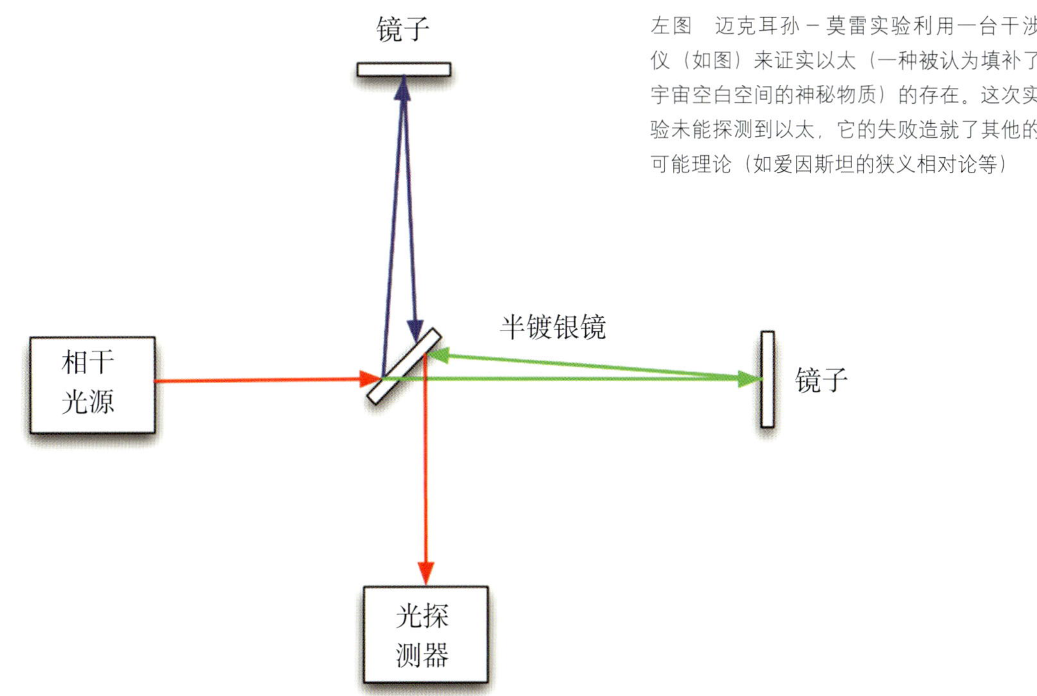

左图　迈克耳孙－莫雷实验利用一台干涉仪（如图）来证实以太（一种被认为填补了宇宙空白空间的神秘物质）的存在。这次实验未能探测到以太，它的失败造就了其他的可能理论（如爱因斯坦的狭义相对论等）

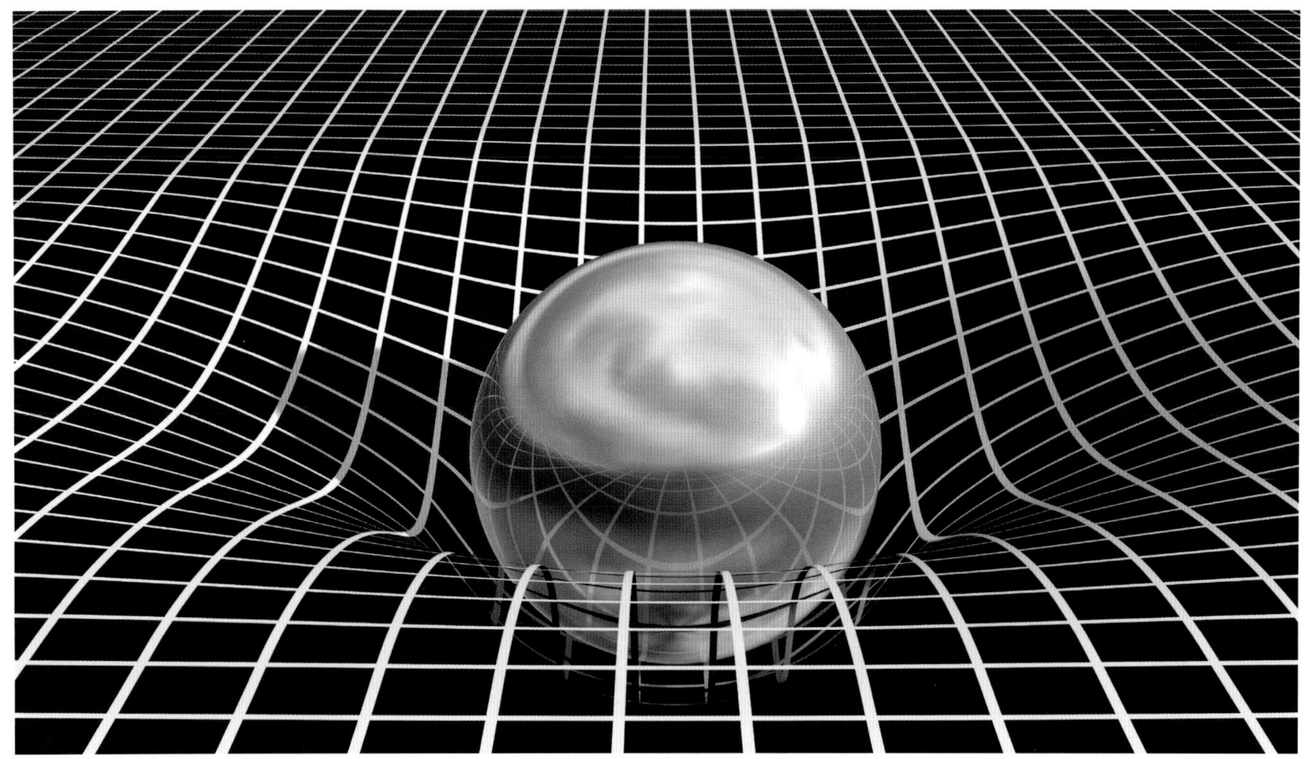

上图 物体可以扭曲时空，创造一种向内吸引其他物体的引力

又提出了广义相对论，来进一步深化这些构想。这一次，爱因斯坦提出，空间和时间相互关联，而且因为它们都是可变的，而不是恒定的，空间和时间都可以被大型物体扭曲。用放在蹦床中心的保龄球来打个比方，这个球压低了织物，导致外面的周围物体向中心掉落。爱因斯坦辩称，这个现象就是我们所描述的万有引力。较重的物体（如地球或者太阳）会扭曲时空的织物，把其他物体拉向自己。这就是为什么行星都围绕着太阳旋转，也是为什么苹果和其他物体都被拉向地球。在爱因斯坦完成他的理论之后，现代物理学的新时代也就建立了。在这个时代里，只有光速是恒定的，而所有的可观察现象（如时间和空间等）都是不可信的。

你知道吗?

爱因斯坦的 $E=mc^2$ 也许是有史以来最著名的等式。它描述了能量和质量之间的关系，从而证实了它们之间可以相互转化。

古典力学定律的失败不只是体现在光速上。在研究较小体积的物质时，它也会出现问题。1897 年，即 20 世纪之前的几年，英国物理学家约瑟夫・约翰・汤姆孙证实了在原子内部流动的负电荷粒子的存在。这种新的亚原子粒子后来被称为“电子”。汤姆孙不仅发现了负责携带电荷的物质单位，还证明了原子（引申开来，宇宙中的所有物质）可以分为更小的组成部分。1911 年，英国物理学家欧内斯特・卢瑟福发现了原子核的存在。1932 年，中子（一种和质子一起存在于原子核中的不带电粒子）的发现完成了原子模型。

左图 爱因斯坦创立了狭义相对论和广义相对论，从而开创了现代物理学的新时代

名人录——亚瑟·斯坦利·爱丁顿

亚瑟·斯坦利·爱丁顿是天体物理学领域的先锋，他创立了20世纪的一些基本物理理论。爱丁顿是那个时代最伟大的思想家之一，他的研究跨越了物理学、天文学和哲学等领域。

爱丁顿最为人所知的成就之一是他证明了广义相对论。当阿尔伯特·爱因斯坦在1916年发表自己的理论时，科学界未能及时跟上他的脚步。而爱丁顿就是最早接受这个理论的科学家之一。当时，他在英国物理界已经备受推崇，而且还在著名的剑桥大学天文台担任台长。爱丁顿愿意以自身的分量来帮助宣传和传播对相对论更加广泛的认识。

在1919年日全食期间，爱丁顿成功观测并拍摄到被太阳质量扭曲了光的恒星。这个现象（“引力透

下图 1930年，爱丁顿和爱因斯坦正在交谈。爱丁顿的研究基于爱因斯坦所创立的概念

镜效应”）证实了爱因斯坦的理论，即像太阳这样又大又重的物体会产生一个引力磁场，从而扭曲了恒星发出的光。爱丁顿的研究促进了广义相对论从一个陌生的概念变成一个广为人知的理论。

爱丁顿的成就并不限于相对论。通过他的天体物理学研究，他还解决了关于各种恒星过程的“疑难杂症”，从确定不同恒星亮度的公式到探讨恒星内部的结构和特征。

在晚年时，爱丁顿试图提出一个统一的“万物理论”，这个理论可以首次把引力、相对论和量子物理结合在一起。虽然在有生之年，爱丁顿未能完成他的研究，但他的构想影响了那些仍在寻找答案的现代物理学家的研究。

爱丁顿的贡献不容低估。作为天文学家，他开辟了恒星科学领域。同时，他在相对论和物理学等方面的研究也让学者解开了一些关于宇宙的基本谜团。

下图　爱丁顿摄于1919年的日全食照片捕捉到了引力透镜效应现象

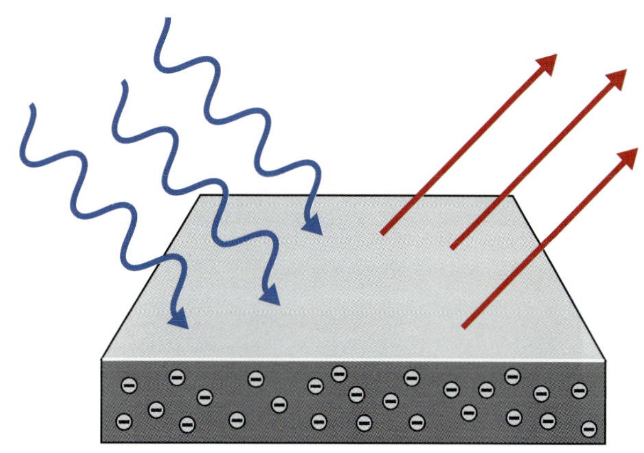

上图　光电效应指的是当某些金属暴露在特定光频下时，它们会产生电流

然而，需要我们研究的仍有很多。19世纪初，英国物理学家托马斯·杨发现，当光经过两个邻近的狭缝时，它的行为方式出乎意料。光并没有像预期的那样以波的形式传播，而是扩散开来，就好像它由相互干扰的单个粒子组成一样。多年以后，1887年，德国物理学家亨利希·鲁道夫·赫兹观察到了“光电效应”，即当某些金属暴露在特定光频下时，它们会产生电流。

1905年，爱因斯坦创立了一个理论来解释这个现象。他的理论基于德国物理学家马克斯·普朗克在几年前提出的构想，即光可以被“量化”。也就是说，

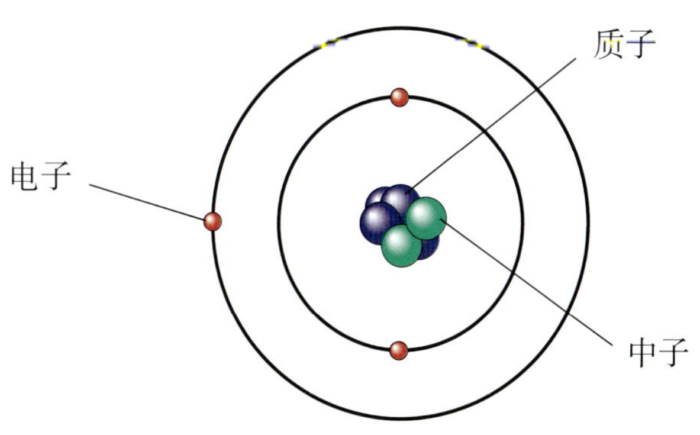

上图　20世纪中期，科学家们认识到原子包含电子、质子和中子

下图　托马斯·杨的双缝实验表明，光既有波动性又有粒子性

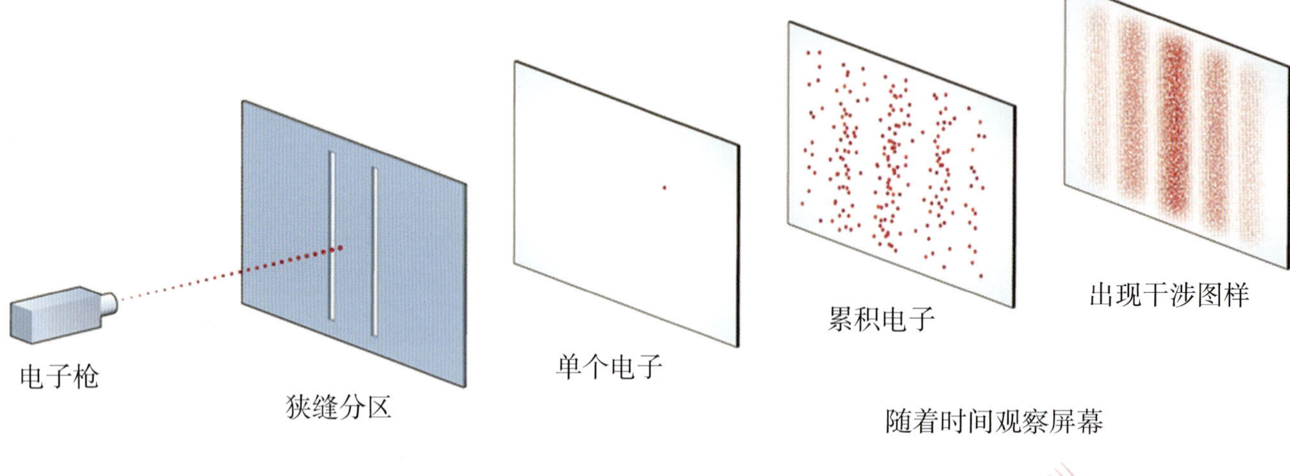

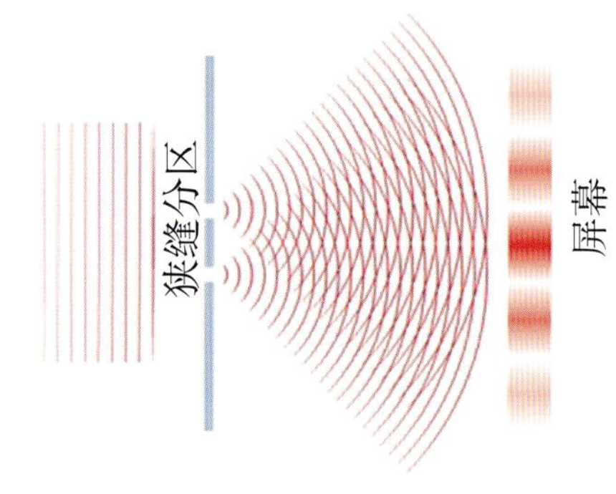

光以离散光子束或粒子（而不是连续波）的形式传播。爱因斯坦认为，光电效应是由光粒子（“光子”）和金属表面的电子互相碰撞而产生的。不同粒子之间的相互作用导致电子从金属中逸出，而逸出的电子就是产生电流的原因。爱因斯坦的理论之所以具有革命性，是因为它提出了光既有波动性又有粒子性，虽然这看似不可能。

这只是粒子物理学的开始。20 世纪中叶，夸克和费米子等基本粒子的发现为物理学家们开辟了一个全新的世界，同时也揭示了现有理论的重大漏洞。当科学家们开始探索这些微小粒子的行为时，他们才意识到，古典力学定律并不适用这些粒子。

20 世纪的上半叶，维尔纳·海森伯和埃尔温·薛定谔等物理学家们开始观察量子现象，即原子和亚原子粒子的出乎意料的行为。这些行为大都违反了直觉，而且和我们在较大范围内所观察到的现象不同。例如，亚原子粒子似乎互相关联，而且互相影响，即使相距甚远。此外，亚原子粒子的位置和速度也无法在同一时间得以确认，因为在观察的过程中，它们会改变行为。量子物理仍是一个谜，我们也仍需在这个最小范围内研究自然规律。但有一点很清楚，那就是古典的物理定律不能解释发生在量子水平上的现象。

>> 基本粒子比亚原子粒子（如电子和中子等）小，而且似乎是宇宙中最小的物质单元。<<

事后看来，早在 20 世纪初，物理学家们就觉得他们已经几乎做完了所有的工作的想法十分荒谬。如今，我们都知道，宇宙比我们之前所认为的更加复杂，更加不可预测，而想要了解自然的错综复杂，我们还有很长一段路要走。我们难以预料在未来会有什么发现，但可以肯定的是，物理学家们的研究还远没有完成。

右图　银河系：我们现在可以比以往任何时候都更加深入地观察宇宙的错综复杂

第十四章　脑科学

大脑是决定命运的器官。它的运作机制内所蕴藏着的秘密将会决定人类的未来。

——神经外科医生怀尔德·彭菲尔德（1891—1976）

人类大脑是宇宙中已知最复杂的物体。你的脑袋里装着的是一台计算机，它比人们已经创造或者将会创造的最精湛的技术都要强大。大脑中的神经细胞（即神经元）比银河系的恒星还要多。每个细胞都与成千上万的其他的细胞相连，在你的大脑中创造100万亿个连接（即突触）。与脊椎这个连接你的大脑和身体的信息高速公路一起，你脑袋里这个三磅重的器官控制着你所意识到的身体的每一个动作。从调节你的情感到记住倒垃圾，你的大脑每天都在努力工作，从而约束着你。

对我们脑袋里这个重要器官的研究大致分为两门学科：神经科学，它研究的是人类大脑的物理结构和功能；心理学，它研究的是行为和心理，即我们的意识和我们的思想、记忆、决策、情感、智力、语言和感知的来源。

约公元前5000年
新石器时代的社会把环锯术作为一种伪医学疗法

约公元前200年
盖仑认为大脑负责认知

1543年
安德烈亚斯·维萨里发表神经系统解剖图

距今7000年

约公元前4世纪
亚里士多德认为心脏是意识的场所

500年

大脑剖面图

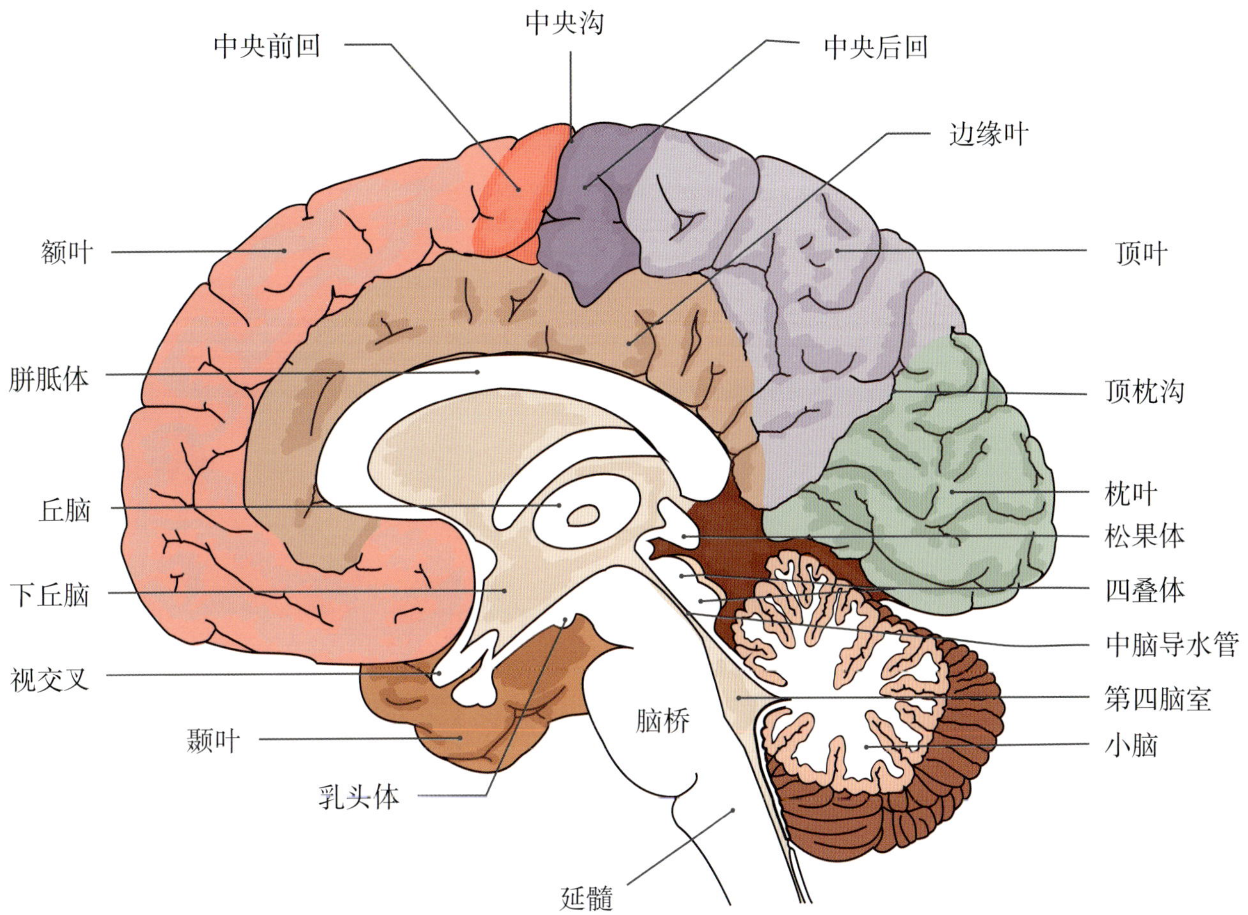

中央沟
中央前回
中央后回
边缘叶
额叶
顶叶
胼胝体
顶枕沟
丘脑
枕叶
松果体
下丘脑
四叠体
中脑导水管
视交叉
第四脑室
脑桥
颞叶
小脑
乳头体
延髓

上图　人类大脑是宇宙中已知最复杂的物体

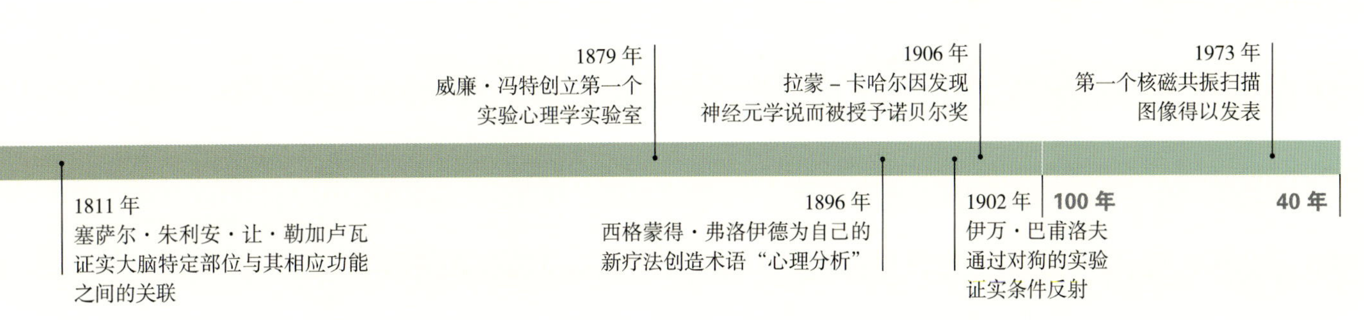

>> 大脑由白质和灰质组成。白质包含轴突和少突胶质细胞，而灰质则包含神经元。<<

虽然神经科学家们和心理学家们研究的不只是大脑，但我们可以把这两门独立的学科统称为“脑科学”。几个世纪以来，科学家们和哲学家们都曾试图回答关于思想、感知和自我的本质的问题。在这些问题里，最重要的是我们的思想和我们的大脑以及神经系统有着怎样的联系，即所谓的“心身问题”。

这些问题不仅与物质有关，而且与思想有关。我们如何定义“正常”？“正常”存在吗？如果“正常”不存在，意味着什么呢？因此，研究思想的科学还包括生物学、化学、哲学、社会学、神经学、人类学和生理学等。这一点非常重要，因为我们在世界上的位置由我们的思想和他人的思想共同决定。最终，脑科学的研究也将回答那个永恒的问题：从根本上说，作为人类意味着什么？

脑科学的根源

纵观历史，人类从未意识到大脑的重要性，这是因为多年以来，学者们都认为心脏是意识的场所。由于脑部损伤和精神疾病等神经活动一直都存在，古代文明早就有了他们自己处理这些问题的方法。例如，在新石器时代，人们开始实践环锯术，这是一种在头骨上钻孔的伪医学疗法。据说，古人可能相信，在大脑钻洞有助于治疗头痛、神经性疼痛、癫痫、精神疾病甚至恶魔附身等。

右图　环锯术是一种在病人头骨上钻孔的伪医学疗法。受其启发，简·桑德斯·范赫莫森在大约1550年创作了这幅《取出疯狂之石》

你知道吗？

虽然我们还不能确定古人为何会实践环锯术，但事实可能是，我们的祖先相信这个手术可以释放不好的情绪或者减轻痛苦。环锯术可能被用于治疗偏头痛、癫痫或精神疾病。

在古埃及和古希腊，大脑的重要性并没有得到普遍认识。相反，古希腊和古埃及的思想家们都相信，心脏是“思考”的器官，是意识、思想和情感的场所。公元前4世纪，古希腊哲学家亚里士多德辩称，大脑的主要作用是使心脏这个人类智力和活力的中心保持冷静。虽然亚里士多德关于最重要的人体器官的看法是错误的，但他也确实提出了脑科学领域最经久不衰的问题之一，即先天和后天之争。亚里士多德认为，我们出生时就如同一块空白的画布，后来，我们的经验塑造了我们。但他的老师柏拉图却不认同。柏拉图辩称，行为和特征与生俱来，从我们出生那一刻就开始存在。时至今日，我们仍未争论出一个明确的结果，先天和后天之争也将在21世纪愈演愈烈。

相比之下，古希腊医生盖仑对大脑重要性的理解更为准确。2世纪，盖仑通过解剖各种动物来详细地分析大脑。他认为，大脑负责认知和自觉行为，例如动作。盖仑甚至创立了一种关于脊髓和脑神经在行为控制方面的重要性的理论。

脑科学在伊斯兰世界取得了进步。在这里，医护人员特别关注心理健康和心身之间的关系。波斯博学家阿布·扎伊德·巴尔希提出，心理疾病和身体疾病互相关联，并认为，前者可以引起愤怒、焦虑和悲伤等。11世纪，博学家伊本·西拿描述了一系列的神经精神疾病，如我们现在所说的狂躁、痴呆、中风、抑郁、失眠和精神分裂等。

在16世纪初的欧洲，解剖学的进步使我们对大脑有了进一步的了解。比利时解剖学家安德烈亚斯·维萨里在他的人体图中，还绘制了一个神经系统图，展示了人们知之甚少的区域，如胼胝体。解剖学也影响了17世纪法国哲学家笛卡儿。他提出了“二元论”。这个理论认为，思想是独立于身体的非物质实体，思想和身体共同塑造了人类的经验。17世纪末，英国医

上图　在先天和后天之争中，柏拉图和亚里士多德针锋相对

生托马斯·威利斯创立了一个研究大脑和周围神经系统的医学分支（即神经病学）。在一系列的文章中，威利斯发表了他对神经系统和相关疾病的深入研究。他是第一个描述动脉（作用是为大脑供血）和脊髓副神经（作用是为颈部供能）的人。

随着神经科学和心理学的创立，人们更加关注思想的重要性，但这也导致了一些更加虚假的实践。18世纪70年代，奥地利医生弗朗茨·梅斯梅尔发展了催眠术。这个理论认为，人体的行为遵循磁性定律，我们可以通过传导磁性来调整和治愈身体。催眠术曾在欧洲盛极一时，直到17世纪末，法国国王路易十六组建的科学家团队才对这个理论进行了曝光。

大约在此时，作为另一种伪科学，颅相学也十分流行。从业者们认为，头骨的形状可以被用来研究大脑的形状，并诊断心理能力、性情和失常等。在欧洲和美国，有些雇主甚至要求颅相学家们评估应聘者是否适合相应的职位，由此，颅相学的影响力可见一斑。

下图　中世纪的伊斯兰世界对心理健康采取进取的态度

19世纪初，法国医生塞萨尔·朱利安·让·勒加卢瓦首次证实了大脑特定部位与其相应功能之间的关联。1811年，勒加卢瓦通过兔子实验揭示了延髓（后脑的一部分）负责呼吸。自此，其他科学家们也纷纷开始这种关联，从而使人们对不同区域及其生理作用有了更加深刻的了解。

早在20世纪初，神经科学就初具雏形。与此同时，心理学也

>> 中枢神经系统由大脑和脊髓组成，控制着身体各个部位的信息和活动。这两个器官非常重要，所以它们分别由头骨和脊椎保护。<<

开始被普遍认为是一门独立于哲学之外的科学学科。1879 年，德国生理学家威廉·冯特在莱比锡创立了第一个实验心理学实验室。作为“现代心理学之父”，冯特通过科学的研究方法研究了各种心理过程，从而确定了心理研究中的经验主义方法，并为现代脑科学奠定了基础。

你知道吗?

1848 年，美国铁路工人菲尼亚斯·盖奇经历了一次劫难。一根铁条刺穿了他大脑的左前额叶，虽然他最后侥幸存活，但却性情大变。这是一个重要案例，因为它确定了大脑在塑造性格方面的作用。

下图　巴黎的病人在接受催眠术治疗。这是盛行于 18 世纪的伪科学

心理健康

在大部分人类历史中，我们对精神疾病都知之甚少。在古代世界和之后的很多年里，人们通常将心理问题视为神明的惩罚，但一些思想家对此提出了疑问。医生希波克拉底认为，心理疾病源自大脑，而且和其他疾病一样，并不是超自然的东西，而是由物理原因造成的。

在中世纪的伊斯兰世界，波斯的医生和科学家们积极探索了心理健康的概念。9—11 世纪，博学家伊本·拉齐和伊本·西拿先后研究了心理疾病的诊断和治疗，并记录了他们关于精神失常和心身医学的观察。这种考虑周到的方法也被用于心理健康护理。13 世纪的伊斯兰医院（即比马里斯坦医院）都设有精神病病房，并采取音乐和洗澡疗法。据说，开罗的阿尔－斯塔特医院是 9 世纪第一家提供精神失常治疗的医院。

中世纪的欧洲没有先进的心理健康治疗方法，因此，这里的治疗效果通常适得其反，并且治疗手段极其残忍。伦敦贝特莱姆皇家医院是欧洲最早的心理健康医院之一，在 14 世纪末开始运营，以对病患麻木不仁而闻名。

上图　贝特莱姆精神病院是欧洲最早的心理健康医院之一

下图　据说，开罗的阿尔－斯塔特医院是第一家提供心理健康治疗的医院

18世纪末，人们开始质疑这种残忍的治疗方法。在启蒙运动时期，法国医生菲利普·皮内尔及其医院的负责人让·巴蒂斯特·普辛解除了其医院对病患的诸多限制，还提倡使用与病患交谈并评估其病历的心理方法。在英国，教友派信徒威廉·图克创立了约克静修会，起因是一位教友派信徒在可怕的约克精神病院被折磨致死。图克关注精神病患者的人文关怀和尊严，以及他们想要积极参与康复任务训练的需求。

20 世纪，人们对心理健康有了深入的了解，并将其视为一种与大脑有关的身体状况。心理治疗和选择性血清素再摄取抑制剂（SSRI）等药物治疗都得到了广泛应用。虽然我们仍需学习更多关于心理状况的知识，但我们对心理健康的了解和研究都取得了进步。

现代脑科学

20 世纪初，拉蒙 – 卡哈尔在脑组织的研究中发现，神经系统不是一个连续网络，而是由独立的单个细胞（即神经元）组成。凭借这一发现，他在 1906 年获得了诺贝尔奖。拉蒙 – 卡哈尔的理论被称为“神经元学说”，它确立了神经元在神经系统中的重要性。在不久之后的 1932 年，英国生理学家查尔斯・谢灵顿和埃德加・阿德里安也因发现突触的重要性而获得了诺贝尔奖。神经元之间这些微小的连接是电子信号和化学信号在神经系统内进行传递的通道。

你知道吗?

人类的大脑中约有 860 亿个神经细胞。正是这些细胞传递着动作或者疼痛等神经冲动。

与此同时，心理学也经历了一场变革。20 世纪初，奥地利医生和前神经学家西格蒙得・弗洛伊德开始推广一种新型的医学疗法，即精神分析法。起初，弗洛伊德师从于拉蒙 – 卡哈尔等当时最伟大的神经学家们，但后来，尤其是在他对催眠术产生兴趣之后，他的注意力从物质大脑转向了潜意识。

19 世纪末，弗洛伊德开始研发他自己的精神疗法，这种疗法的基础是在他看来可以通往潜意识的途径，即催眠术、梦的解析和自由联想。在弗洛伊德的理论下，人类的心理阶段都充斥着潜在的信念和欲望，其中很多都根源于性器官的发育。虽然现在对弗洛伊德精神分析学的科学价值普遍存在质疑，但他的研究确实普及了潜意识的概念，而且他的精神分析学也确实对西方精神病学产生了深远的影响。

左图　大脑中的一个锥体神经元网络。这些单个细胞组成了神经系统

上图　西格蒙得·弗洛伊德（前排靠左）和卡尔·荣格（前排靠右）及其同事们，摄于 1909 年

瑞士精神病学家卡尔·荣格是弗洛伊德多年的研究伙伴，他也在心理学上留下了不可磨灭的遗产。在和弗洛伊德于 1912 年分道扬镳后，荣格发表了一些自己最具影响力的人格和心理理论。荣格提出了许多新的概念，如内向型人格、外向型人格和个体化。其中，个体化是一个通过治愈意识与无意识之间的分裂而成为真正的自我的终生过程。

20 世纪 20 年代和 30 年代，随着心理学家们开始寻求一种更加基于经验和证据的研究方法，精神分析学逐渐淡出了人们的视线。这预示了“行为主义”的兴起。行为主义是一种只关注可观察和可衡量行为的思想学派，其最早案例之一可见于苏联生理学家伊万·巴甫洛夫的实验。1902 年，巴甫洛夫对狗进行了著名的实验，即每次在喂食前，他都会拍打节拍器，长此以往，只要一听到节拍器的声音，他的狗就会分泌唾液，即使根本就没有食物。这是因为，它们已经记住了节拍器和食物之间的关联性。通过这个实验，巴甫洛夫验证了条件反射（我们通过形成关联来进行学习的方式）的原理。

下图　艺术家视角的巴甫洛夫的狗实验

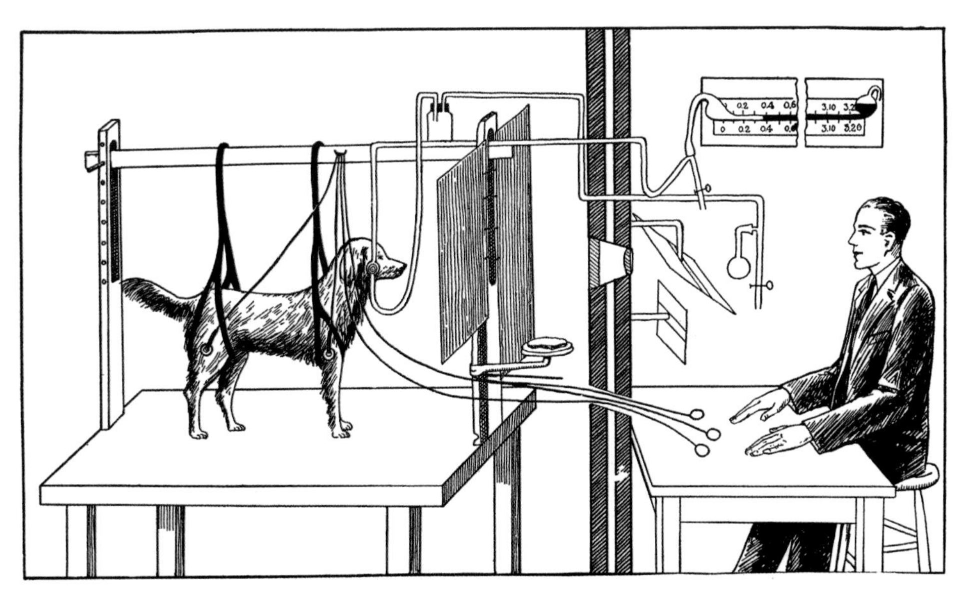

名人录——斯坦利·米尔格拉姆

美国心理学家斯坦利·米尔格拉姆因其关于权威、服从和从众的实验而闻名，这些实验影响深远却也极具争议性。米尔格拉姆于1933年出生在一个工薪阶层的犹太家庭，并在大屠杀的阴影下长大。为了了解人类犯下如此暴行背后的原因，米尔格拉姆做了一系列的实验，这些实验后来造就了我们对社会行为和心理学的认知。

1961年，从哈佛大学获得社会心理学博士学位后不久，米尔格拉姆就进行了著名的电击实验，从而验证了普通人能以服从之名行可怕之事的程度。在这个实验中，穿着白大褂的科学家要求参与者来决定对其他参与者实施电击的等级。虽然电击不是真的——被电击的人是演员——但参与者真的相信他们是在电击真实的人。随着电击变得越来越强烈和危险，大多数参与者仍都愿意继续按照要求来做决定，而且根本不考虑后果。

米尔格拉姆的实验表明，在权威人士的要求下，人们很容易服从并做出极端的行为，这一发现在心理学界引起了巨大反响。1971年，美国心理学家菲利普·津巴多以米尔格拉姆的发现为基础，进行了斯坦福监狱实验。在这个实验中，不知情的大学生在一个假监狱里分别扮演着看守和囚犯的角色。这个实验仅仅进行了六天，然后就不得不因为“狱警”对他们的“囚犯”太过残忍而被迫终止。尽管津巴多的实验在伦理性和严谨性方面受到了抨击，但它有力地验证了社会压力对人们行为的支配程度。

此外，在其后来的职业生涯里，米尔格拉姆还进行了其他颇具影响力的研究。虽然如今，出于伦理的原因，我们无法再重复他的实验，但米尔格拉姆的研究无疑加深了当代人对服从和社会行为的理解。

下图 斯坦利·米尔格拉姆（右）及其部分同事和“电击箱”。据说，这台机器可以发出30—450伏的惩罚电击

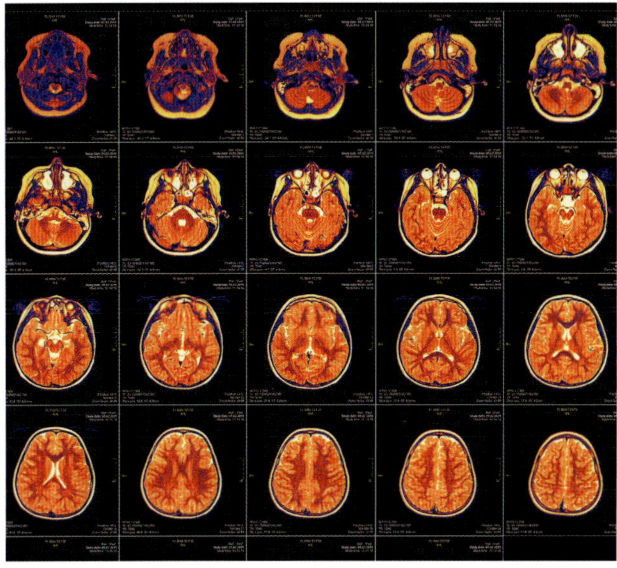

上图 核磁共振扫描仪等工具使研究人员能够看到与心理过程有关的生理活动

20 世纪 50 年代和 60 年代，一种新的方法开始主导心理学，就如同现在我们所说的主流运动一样。认知心理学反对行为学家们对可观察行为的狭隘关注，并且辩称，记忆、解决问题和感知等心理过程对了解人类的心理至关重要。认知心理学的发展依赖于大量用来研究大脑的新工具，如核磁共振成像仪（MRI）和正电子发射断层扫描术（PET），这些都使研究人员能够将大脑中与心理有关的生理活动可视化。

>> 抗抑郁药可用于很多情况，如临床抑郁症、强迫症（OCD）、广泛性焦虑障碍和创伤后应激障碍（PTSD）。<<

认知心理学让脑科学这门学科更加接近于神经科学的领域。在现代，神经科学和心理学被视为两门不同的学科。虽然人们对它们的交叉程度尚有争议，但有一点很明确，那就是这两门学科互相关联，互相支持，并且互相影响。例如，神经精神病学把精神失常视为神经系统的疾病，但也与环境因素和病患的心理过程有关。

>> 心身医学是一个跨学科领域，研究的是健康的社会因素、心理因素和行为因素。<<

21 世纪，脑科学在深度上和复杂性上都达到了前所未有的高度，但我们尚未了解的仍有很多。2013 年，美国政府启动了一项公私合作研究项目，旨在提高我们对细胞层面上的大脑功能的了解，以改善各种精神障碍的治疗，如抑郁症、阿尔茨海默病和帕金森综合征等。此后，其他很多国家也纷纷效仿，这引起了脑科学研究的激增。

想来也奇怪，人类已知最复杂的机器竟然就藏在我们自己的头骨里。虽然我们仍在努力搞清楚我们大脑的运作方式，但我们还有一段很长的路要走。毫无疑问的是，如果确实存在一个聪明到足以解开人类大脑的奥秘的东西，那么这肯定就是人类的大脑。

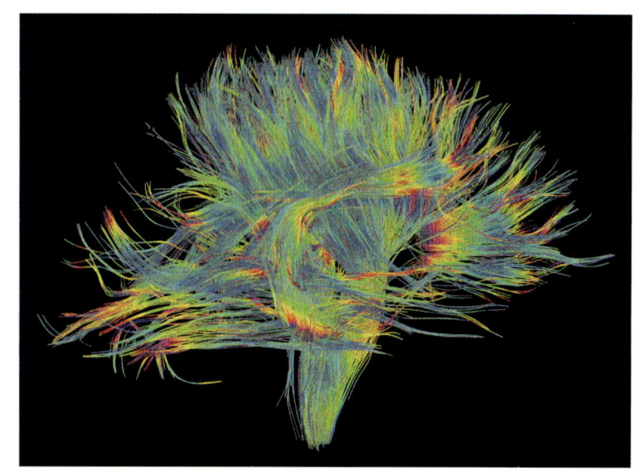

上图 水分子扩散频谱造影（DSI）绘制的人脑连接图

第十五章　计算机科学

预测未来的最好方法就是创造未来。

——计算机科学家艾伦·凯（生于 1940 年）

据说，在大城市里，你离老鼠的距离最多只有几米。而在数码时代，你离电脑的距离很可能也是如此。计算机技术无处不在。我们所说的不仅包括笔记本电脑和台式电脑，还包括闹钟、手表、汽车、电话、电视和厨房用品等。计算机技术支撑着我们生活的方方面面。

计算机科学是关于计算系统的研究，它已成为现代最重要且最具影响力的科学之一。人们常说，我们现在正处于数字革命的中心。这是一个历史性的时代，像之前的工业革命一样，它改变了世界各地人们的日常生活。

数字革命虽然是一种影响深远的现代现象，但也是计算机科学悠久历史的产物。从古代美索不达米亚的数学家开始，计算的创立可追溯至许多世纪以前。从第一台机械计算器的齿轮和传动装置到为现代智能手机和平板电脑提供动力的数十亿晶体管，计算机技术是科学进步的速度和力量的直观证明。

约公元前 1100 年
古代美索不达米亚使用算盘进行计算

距今 3500 年

约公元前 200—前 100 年
计算机原型的早期使用，如安提基特拉机械

约 820 年
花剌子米确立代数的基本原理

1000 年

1703 年
戈特弗里德·威廉·莱布尼茨研发了高级二进制数字系统

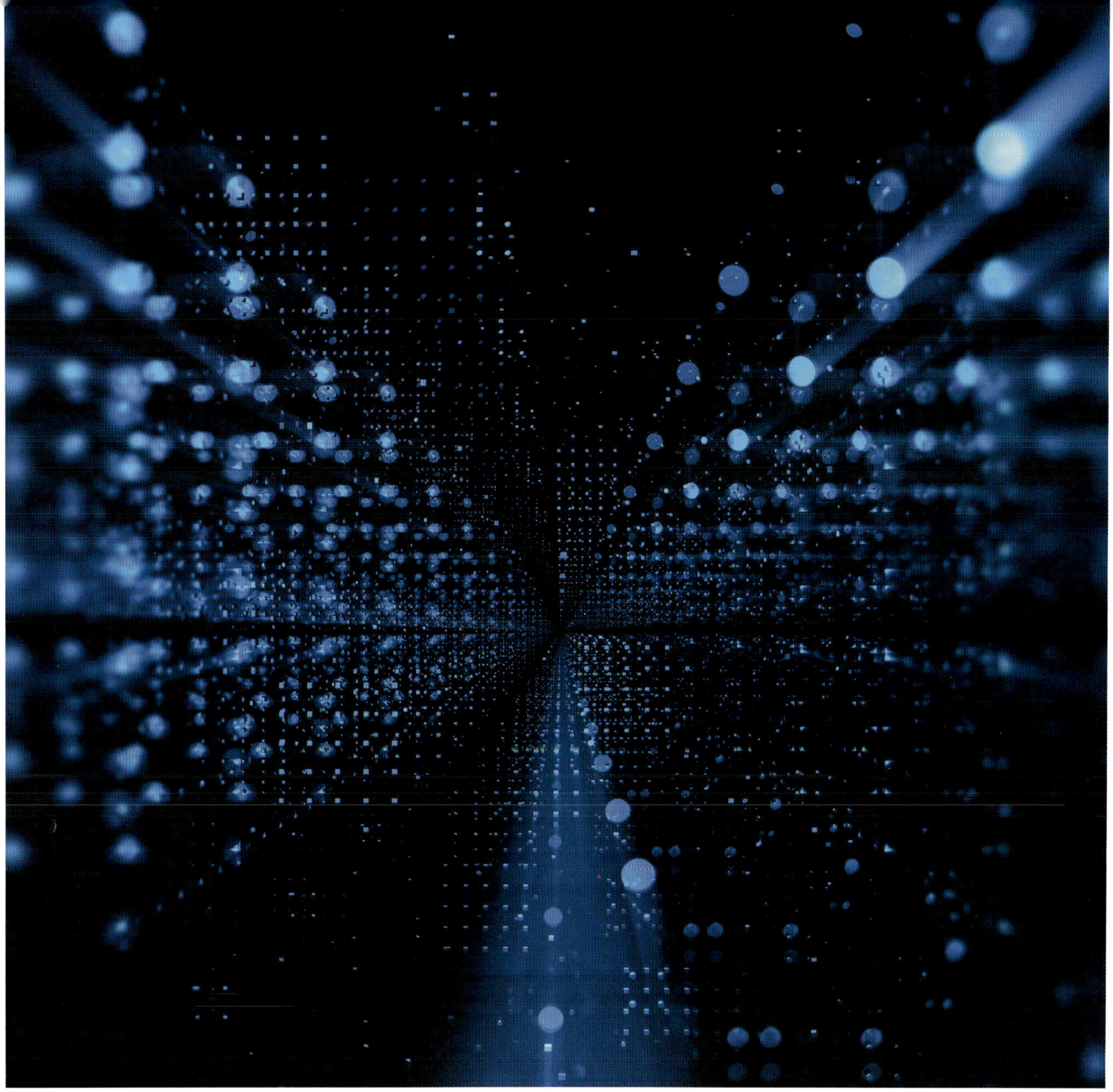

上图　艺术家视角的现代计算机网络中的数据存储

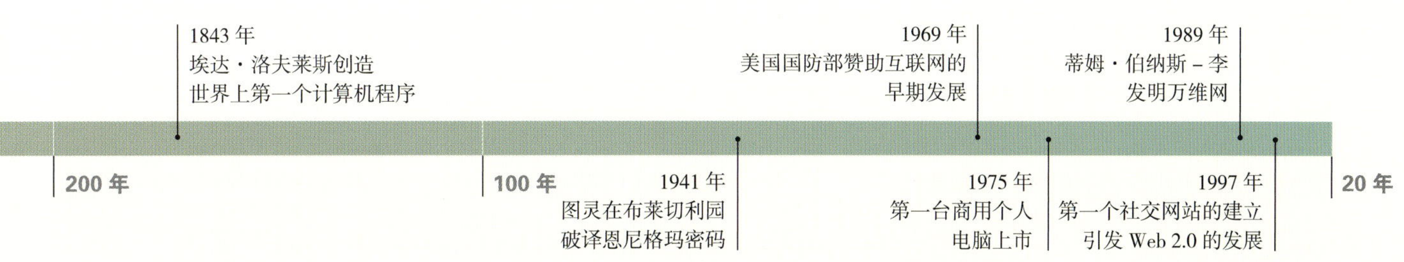

计算机科学的根源

从最纯粹的意义上讲，计算机科学的根源可追溯至古代的美索不达米亚。当时，早期的数学已经开始发展。而且，早在公元前 1100 年，那里的人们就开始使用算盘，这是已知最早的计算设备。有证据表明，人类约在公元前 100 年研发出了最早的计算机原型。1901 年，考古学家们在地中海的一艘古代沉船上发现了一个装置，这块锈迹斑斑的金属后来成为计算机科学历史上最重大的考古发现之一。

这个装置，即我们所说的安提基特拉机械，以其出土地命名，它现在被认为是世界上已知最早的模拟计算机。安提基特拉机械具有与机械计算器类似的功能，它使用传动装置来计算天文事件的信息，如日食和太阳活动。显然，创造这个装置所需的知识早就存

下图　安提基特拉机械是古希腊的一种计算装置，创造于约公元前 100 年

上图　巴格达智慧院的数学家们。8—13 世纪，这个图书馆和公共学院一直都是伊斯兰世界的学术中心

在于古代世界，但在之后的几个世纪里，这些知识似乎丢失了。

中世纪，计算机技术在伊斯兰世界重新发展起来。天文学家，如伊朗博学家比鲁尼等使用早期形式的机械计算机来绘制天文现象图。他们使用的装置（即“星盘”）起源于古希腊时期，在伊斯兰世界得到改良。伊斯兰学者们也发展了一些基本数学原理，这些原理现在仍在支撑着计算机科学。尤其值得一提的是，波斯数学家花剌子米（详见第 17—19 页）创立了代数科学，为用于计算机技术的系统数学奠定了基础。

对 computer（计算机）一词的最早记录出现于 1613 年，但它指的不是一台机器，而是一个使用机械计算器来进行计算的人。17 世纪的德国博学者戈特弗里德·威廉·莱布尼茨是第一个被称为计算机科学家的人。莱布尼茨完善了二进制数字系统，这个系统在后来成为现代计算的基本原理。他还设计了一个更加精密的机械计算器模型，并且是微积分科学的早期先锋。除了科学成就，莱布尼茨还是最早提出逻辑计算可被广泛应用的思想家之一，这为计算机科学在未来几个世纪的发展埋下了伏笔。

1837 年，人类向现代计算机迈出了重要的第一步。当时，英国数学家和工程师查尔斯·巴贝奇设想了一种名为“分析机”的机器，这是一种通用的计算机器，能够像现代计算机处理器一样，按照顺序执行各种复杂操作。英国数学家和作家埃达·洛夫莱斯是巴贝奇的同事，她设计了一种革命性的算法来指导这个机器进行计算。洛夫莱斯不仅是世界上第一个计算机程序员，还是个有远见的人。她意识到，巴贝奇的电脑还能用来进行更加复杂的活动，如作曲和图像创造。洛夫莱斯还意识到，数字可以用来表示不同物种的数据，而不仅仅是数量，因此，除了数字处理，电脑能够利用这些数据来做更多的事情。虽然巴贝奇和洛夫莱斯都未能建造出分析机，但通用计算机器的概念拓展了计算机的使用范围，而且也启发了现代计算机科学。

上左图　查尔斯·巴贝奇设计了第一台通用计算机器

上右图　埃达·洛夫莱斯是一个有远见的人。她开发了世界上第一个计算机程序

上图　恩尼格玛密码机在二次大战时期被德国军队用作加密装置

现代计算机科学

20 世纪是计算机时代真正的黎明。与历史上许许多多的技术一样，计算发展的部分原因也是冲突和战争带来的压力。20 世纪上半叶，政府急需计算人才来辅助密码破译，因此，他们开始投资大型的计算项目。在第二次世界大战期间，同盟国和轴心国都在使用信息加密技术来避免他们的通信被敌军获悉。在英国布莱切利园和波兰密码局等中心，英国数学家艾伦·图灵等密码解密员们利用机械机器来破译代码信息。

你知道吗?

恩尼格玛密码机等装置可将普通文本转换成代码，只有使用匹配的机器和正确的设置的人才能破译这个代码，而且这些机器和设置都是严格保密的。然而，经由文件泄露、操作失误和计算机辅助的破译技术，同盟国成功破译了好几个版本的恩尼格玛密码。

名人录——格雷丝·霍珀

格雷丝·霍珀是美国计算机科学家，也是美国海军少将。霍珀于1906年出生在纽约，在那个很少有女性能够上大学的年代，攻读了数学博士学位。二次大战期间，她加入了美国海军预备役，并凭借着数学背景，被分配至哈佛大学的一个早期计算项目。她研究了“哈佛·马克1号”，这是一种被海军用作战争辅助工具的早期计算机。作为“哈佛·马克1号”的首批程序员之一，霍珀开发了一个程序来辅助计算武器的射击精度。在研究“哈佛·马克1号”的时候，霍珀发现这个机器具有几个物理缺陷在不断干扰机械开关，并导致故障，于是，她创造了“computer bug”（电脑程序错误）这个词。

1949年，霍珀离开哈佛大学，加入埃克特－莫奇利计算机公司，并在那里开始研究通用自动计算机（UNIVAC Ⅰ），这是首批商用计算机之一。在之后的那些年里，霍珀发明了世界上最早的编译器之一，这是一个能够把程序员的书面指令转译成计算机代码的程序。霍珀的编译器不仅使程序员们可以使用一种基于文本的语言——面向商业的通用语言（COBOL），而不是复杂的机器代码——来编写指令，而且还使编程机器的进程变得更快更简单。

霍珀在美国海军步步高升。20世纪80年代，她已经成为屈指可数的女性海军少将之一。1986年，80岁高龄的霍珀退休，成为年龄最大的现役军官之一。尽管霍珀已于1992年去世，但2012年，奥巴马总统仍给她颁发了总统自由勋章，以表彰她对计算机科学做出的卓越贡献。

下图　格雷丝·霍珀发明了编译器，这是计算机编程的重要工具

早期的计算机都体积庞大，甚至能占据几个房间，而且，和现代计算机不一样，它们使用的是巨大又低效的真空管，这是一种控制电流流动的玻璃装置。电信号可以用来表示“二进制代码”。这是一种向计算机传递信息的方式，它有两个基数，即 1 和 0。有了这些变化的电信号，真空管就可以通过二进制代码来指示计算机执行特定的操作。这个真空管技术为世界上第一台可编程通用电子计算机，即电子数字积分计算机（ENIAC），提供了动力。这个计算机是由美军在二次大战时创造的。尽管从范围上来说，第一代现代计算机具有革命性，但它们笨重、昂贵且难用。

上图　技术人员正在连接电子数字积分计算机上的电线。ENIAC 是最早的可编程的通用电子数字计算机之一。它完工于 1945 年，最初被设计用来计算炮兵射表

二进制

在“二进制”系统中，数字信息由一系列的1和0表示，这是现代计算的基本语言。二进制是一种建立在两种状态上的语言，即“真”和“假”或“1”和“0”。

二进制是一种利于计算的系统，因为它允许使用布尔代数（详见第19页），这个数字系统用真假命题来构建逻辑论证。在计算中，0可以被认为是“假”，而1则可以被认为是“真”。通过这种简单的系统，计算机科学家们可以建立大型的复杂系统来执行逻辑运算和算术运算。

二进制是通过电信号传递的，而几十年来，科学家们一直在研究各种产生这种信号的方法。在早些年的计算中，二进制是通过物理机械开关来表示，即可以根据开关的开启或关闭来表示1或0。由于这些开关可以在一秒之内多次开启或关闭，所以机器的计算速度比人类所能达到的任何速度都要快。

随着时间的推移，人们开发了控制电信号的新方法，从而提高了二进制通信的速度。现在的晶体管可以在每秒开关数十亿次。然而，即使是最先进的计算机，也仍然依赖于简单的二进制结构，即1和0，来执行每一个运作。

下图　二进制是计算的基本语言

上图 苹果二号（Apple II）是最早的个人电脑之一，最早发布于1977年

20世纪50年代，一项新技术取代了真空管，成为计算机处理的主要方式，从而导致了第二代计算机的出现。晶体管比真空管小得多，由塑料而不是玻璃制成，每秒可以开关数万次。在不久之后的20世纪60年代，集成电路（即微芯片）的发明标志着第三代计算机技术的诞生。这些微小的硅片能够同时容纳多个晶体管和其他电路，让计算机变得比以前更小更高效。第三代计算机比我们现在所知道的装置更加容易识别，而且用户可以使用键盘、显示器和操作系统与之交互。这是计算机首次成为面向大众的商用产品，但是，因为计算机价格高昂但效率低下，直到好几年之后，才真正成为我们现在所熟知的无处不在的机器。

>> 计算机程序是计算机能够理解和执行的一组指令。编程是现代计算技术的基础。<<

第四代，即截至目前的最后一代计算机，以1971年第一台商用微处理器的面世为开端。在此之前，计算机模型都含有各种不同的微芯片，而第四代计算机则将大部分重要的计算功能都集中在一个芯片上。这种中央处理器（CPU）意味着计算机变得比以前更小更强大。由于处理技术的迅速进步和界面的用户友好性，计算机技术开始迈出实验室，走入千家万户。仅在1977年，就有三种不同类型的个人电脑公开发售，到了20世纪80年代，计算机更加普及。

你知道吗?

1965年，计算机芯片研发的先驱戈登·摩尔提出，计算机芯片所能容纳的晶体管数量将会约每两年增加一倍。到目前为止，这个预测都是对的，并被称为摩尔定律。

右图 现代计算机把最重要的计算功能都集中在一个芯片上

intel
FW82801AA
L0090013
SL3MA
INTEL Ⓜ©'98
MALAY
R257
R256
C255
C256
R255

虽然计算机是现代生活不可分割的一部分，但单独来看的话，它们只是关于数字时代的故事中的一小部分。1969 年，美国国防部资助了一个项目，旨在让多台计算机通过网络进行远距离通信。这个项目名为高级研究计划局网络，即阿帕网（APPANET），它为后来众所周知的互联网奠定了基础。之后，类似的网络开始如雨后春笋般涌现，以供专业学者和研究人员共享数据和成果。很快，这些网络就强大到足以向商业客户提供互联网服务，而管理网络的任务也落到了互联网服务供应商（ISP）的手里。我们现在所说的互联网可以被视为可与任何一台计算机互联的超级网络。

>> 网络是一组连在一起的计算机（有时也被称为服务器）。互联网的本质是网络中的网络。<<

然而，最具革命性的进步还未出现。虽然如今“网站”一词被作为互联网的同义词而使用，但实际上，网站是 20 世纪 80 年代末的另一项发明，那时，互联网已经存在了 10 多年。英国工程师和计算机科学家蒂姆·伯纳斯 – 李设计的万维网是一种从互联网上获取信息的方式。这个网站使用了一套名为超文本传输协议（HTTP）的规则，而火狐（Firefox）、谷歌（Chrome）和微软（Internet Explorer）等网页浏览器则是用户访问存储在互联网上的文档的入口。这些文档也被称为网页。

21 世纪初，“Web 2.0”成为最新的流行语，指的是包含动态社区空间和用户提交的内容，而不是用户被动访问的静态信息的网站。社交网络是 Web 2.0 的关键部分，脸书（Facebook）、红迪网（Reddit）和推特（Twitter）等都是最受欢迎的网站。

右图 1989 年，在瑞士的欧洲核子研究中心（CERN）工作的蒂姆·伯纳斯 – 李创建了万维网

在很大程度上，计算机的历史是人类练习制造更小更快装置的历史。现在，这种趋势仍在继续。这些装置往往含有数十亿个晶体管，它们已经小到你必须借助显微镜才能看得到。小空间大能力，从智能手机到手表，计算机技术已经被应用于越来越小的设备。计算机的小型化也导致了更多嵌入式系统的出现，在这种系统中，计算机被植入另外一个设备，以与该设备交互或控制该设备。和通用计算机不同，嵌入式系统通常没有主要功能之外的应用程序，所以你可能不会立刻就注意到它们。但实际上，从你的汽车到你的闹钟，它们无处不在。越来越多的设备也正在配备这种装置，这样它们就能与用户和其他设备进行通信，这个“智能”装置的网络被称为物联网（IoT）。物联网使我们仅需一台机器就能控制多台装置，因此，用户可以通过一个单一的控制装置，如智能手机或者平板电脑，来调节温度、录制电影或者打开开关。

时至今日，计算机科学家们仍在为打破计算机技术的边界而努力。我们正处于一场数字革命的中心，且这场革命没有一丝速度放缓的迹象。就像出生在工业革命时代的人们无法想象一个没有机器和蒸汽动力的世界，现代的人们也无法想象一个没有计算机的世界。现在，计算机和我们的日常生活有着千丝万缕的联系，也影响着当代文化的方方面面。计算机科学的确已经重塑了现代生活方式。

左图 艺术家视角的物联网。每天都有“智能”的产品连接到这个网站上

第十六章　遗传学

我们的基因组承载着进化的故事。这个故事用分子遗传学的语言DNA写就，叙事准确无误。

——细胞生物学家和分子生物学家肯尼斯·雷蒙德·米勒（生于1948年）

遗传学研究的是基因和遗传，包括观察基因的运作方式、基因的差异和突变、基因与环境的互相作用，以及基因在健康、疾病和衰老等生物过程中所扮演的角色。

我们的基因造就了我们。我们每个人体内都有将近24000个DNA小片段。它们就像一张蓝图，主要目的是指导身体创造各种蛋白质，这些蛋白质都有着支持生命的重要作用。通过这种方式，我们的基因控制着一切，从器官的结构和功能，到眼睛和头发的颜色。那么，基因是从何而来的呢？好吧，我们的基因是从我们父母的身上继承而来的，他人的基因是从他们父母的身上继承而来的，如此类推。每对父母都通过精子和卵子，把他们各自一半的遗传密码遗传给后代。由此，基因成了负责遗传的基本单位，它们也是你和家人长相相似的原因。

在很多伟人的努力下，人类花费了很多年，才揭开这些复杂的生物过程的神秘面纱，但即使是现在，我们需要学习的仍然很多。

约公元前4000年
巴比伦人竖起记录着马的谱系的石碑

距今6000年

约公元前400年
希波克拉底提出早期的遗传理论

1000年

1856年
格雷戈尔·孟德尔开始豌豆植物遗传学的革命性研究

1868年
查尔斯·达尔文陈述泛生论遗传学

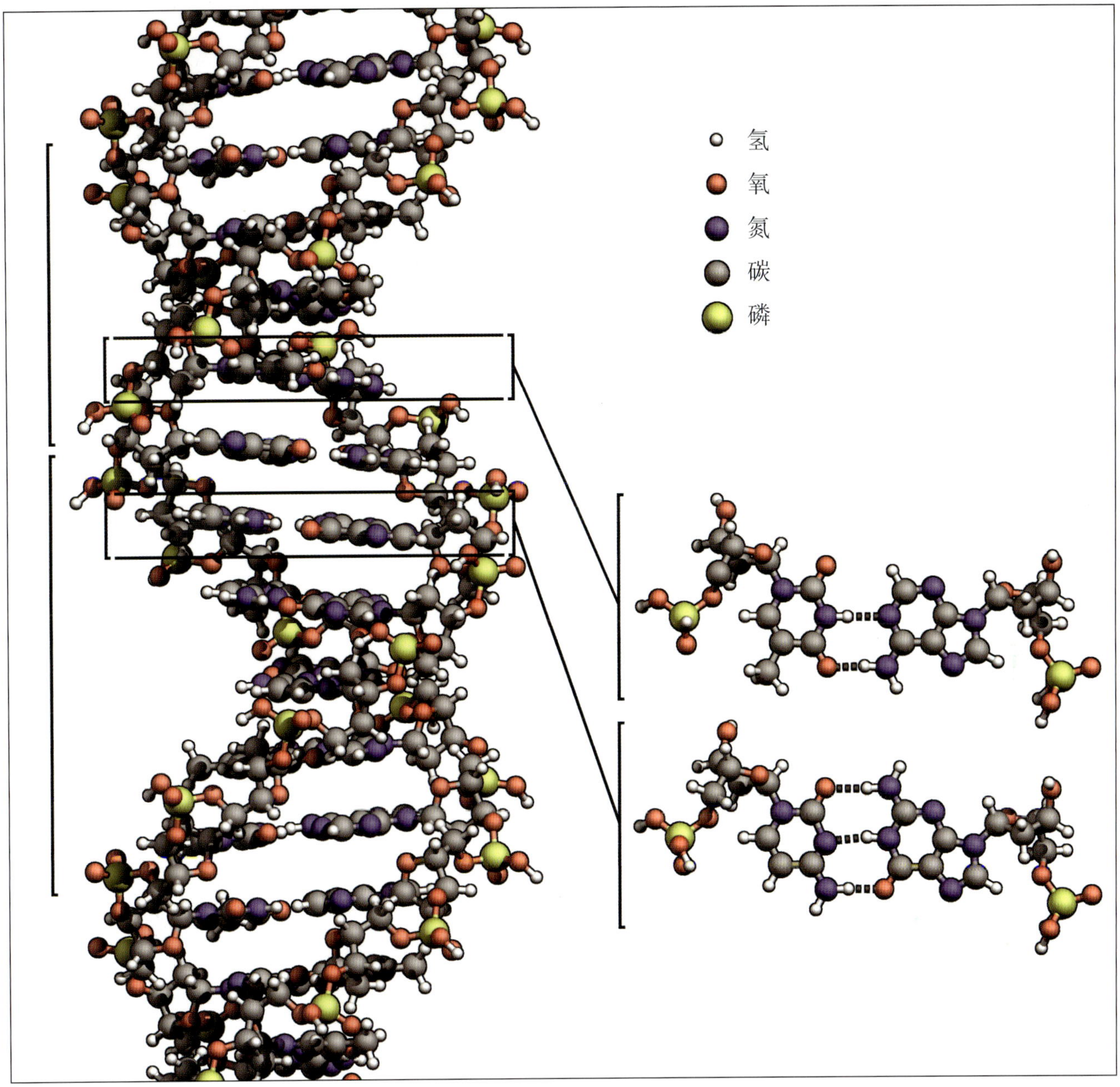

氢
氧
氮
碳
磷

上图　DNA 双螺旋结构及其化学成分

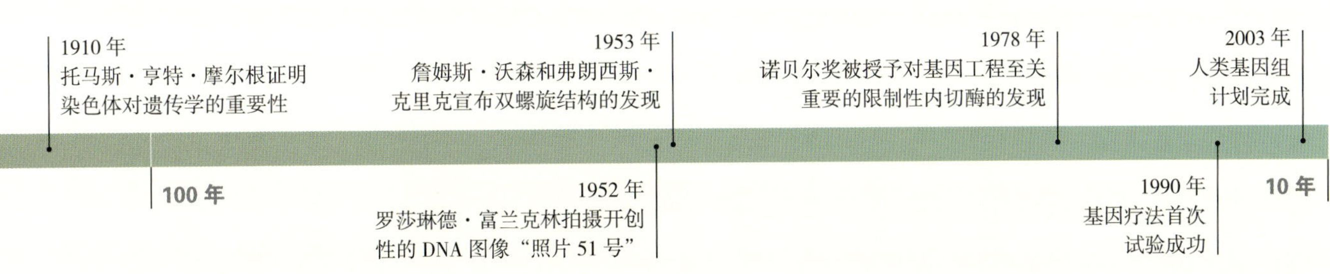

遗传学的根源

我们经常会误以为遗传学是一门新兴的科学，因为我们了解基因学的时间并不长，但它的起源却可以追溯到几千年前。从人类文明的最早期开始，人类就渴望了解和利用基因遗传。植物和动物育种开始于新石器时代，当时的农耕群体致力于创造出最强壮最健康的作物和牲畜品种。一块可以追溯到6000年前的巴比伦石碑上就列出了马的谱系和遗传特征，如身高等，类似的文献上还记录了植物育种的过程。事实上，数万年来，人类一直都在培育和驯化生物，并从生理上改变了它们的DNA。只需看一眼狼和吉娃娃，我们就会明白人类给动物王国带来的深层遗传分化。虽然早期社会可能已经认识到遗传学的重要性，但他们对其中的原理却是一无所知。

在古希腊，伟大的医生希波克拉底提出，父母通过看不见的物质将他们的特征遗传给子女。他认为，这种物质来自父母的各种器官，并在母亲的子宫里重新组合，从而形成另外一个人。他还认为，父母也可以将习得特性，即个体在一生中习得的特点，如发达的肌肉或者残缺的肢体等，遗传给子女。当然，这个理论有着明显的漏洞，例如，为什么截肢者生出来的孩子却四肢完好呢？

>> 蛋白质是构成生命的复杂分子。它们控制着生物体内组织和器官的结构和运作。<<

希波克拉底的理论虽然存在缺陷，但仍影响了几个世纪的学者们，尤其是英国自然学家查尔斯·达尔文。他的著作就与前者的理论不谋而合。达尔文因其自然选择学说而闻名，即生物进化以有利特征的随机出现为基础。达尔文明白，对生物体有利的突变会代代相传，直到成为标准，但他却不明白这些特征的遗传过程。在希波克拉底理论的基础上，他提出，遗传源自“泛生”过程。在达尔文的泛生模型下，生物体内的细胞会释放出种子状的粒子，而这些粒子则会在生殖器官里重新聚集。在怀孕期间，来自父母的粒子会组合成一个人，即各种种子的混合物。在这个模型下，整个生物体都参与了特征遗传的过程，如心脏、大脑和肝脏等，而且，每一片组织都参与了创造种子的过程，以创建一个自己的副本。达尔文还提出，如同希波克拉底所说，父母可以将他们身体上的习得特性遗传给子女。

左图　在大约公元前600年的巴比伦和亚述冲突期间，人们培育了高大强壮的战马

上图　1863 年的讽刺版画。它通过描述狗和骨头变成管家的过程来嘲弄进化

进化生物学

上图　古希腊哲学家阿那克西曼德提出，动物可以在不同物种之间转化

生物进化理论指出，生物群落会随着时间的推移而变化，导致后代的形态和生理都和祖先不同。这个过程取决于生物体为了个体生存和繁殖所需的基本物质而相互竞争的需要。尽管人们对人类目前的进化程度尚有争议，但不可否认，这是一个跨越了数百万年的持续过程，而不是一个既成事件。

我们普遍认为，查尔斯·达尔文是进化论的创立者，但实际上，他的理论只是人类之前所做研究的集大成者，这些研究从古希腊开始，一直持续到之后的几个世纪。古希腊哲学家阿那克西曼德提出，动物可以在不同物种之间转化，而古希腊哲学家恩培多克勒则推测，生物可能是早已存在的不同部分的各种组合。1377年，阿拉伯历史学家伊本·赫勒敦声称，人类从“猴子世界”发展而来，而且在这个过程中，“物种越来越多”。

19世纪中叶，当达尔文还在构想他的革命性理论时，进化论思想早已开始传播。因此，达尔文的贡献不是提出了进化论，而是提出了进化论的机制，即自然选择。紧随其后的是英国博物学家阿尔弗雷德·罗素·华莱士。在进行实地研究时，华莱士忽然冒出来一个想法，即物种的进化可能和环境有关。在一个物种中，赋予动物个体优势的特征会代代相传，直至成为常态。华莱士立刻把他的发现写信告诉了远在伦敦的导师查尔斯·达尔文。达尔文当时也已经得出了类似的结论，于是，他邀请华莱士共同撰写相关的论文，并于1858年发表。次年，达尔文出版了《物种起源》，自然选择进化论自此大获成功。

在之后的几年里，科学家们把遗传学和进化生物学结合起来，确认了物种进化所遵循的遗传机制。1937年，即在《物种起源》出版近70年后，美籍乌克兰裔遗传学家和进化生物学家特奥多修斯·杜布赞斯基出版了《遗传学和物种起源》。在这本书里，杜布赞斯基糅合了孟德尔和达尔文的理论，创造了现代综合进化论。

1950年，生物学家们已经普遍接受了达尔文的自然选择进化论。如今，整个社会也已广泛接受并在学校里教授这个理论。然而，如果我们自此宣称进化生物学已是一门既成科学，那么我们就大错特错了。我们要学习的仍有很多，特别是遗传学在进化中的作用。但至少就现在而言，进化生物学和遗传学都将提出许多有趣的科学和哲学问题。

下图　查尔斯·达尔文的《物种起源》宣传了自然选择进化论

> **你知道吗?**
>
> 达尔文相信基因突变是由芽球（即理论上的细胞“种子”）的错误排列顺序造成的。

在达尔文和世界分享他的理论后不久，他的表弟英国博学家弗朗西斯·高尔顿就向他发起了挑战。高尔顿把一种颜色的兔子的血液注入了另外一种颜色的兔子的体内。如果达尔文是对的，那么结果就应该是，兔子后代的颜色会发生变化。然而，事实却并非如此，兔子后代的颜色还是和它们父母的一样。这一发现表明，习得特性不具有遗传性，同时，也反驳了生物体的每一部分都参与遗传的观点。

即使如此，发现真正的遗传单位的却是奥地利神父格雷戈·孟德尔。从1856年到1865年，孟德尔一直都在布隆（即现在捷克共和国的布尔诺）修道院的花园里耐心地培育豌豆植物。通过品种杂交，他观察了能使某些特征遗传或者不遗传的方法。孟德尔认为，特征是通过单个遗传单位遗传的。他的想法是对的，因为我们现在知道，这个遗传单位就是基因。为了验证这一点，孟德尔研究了高度、颜色等特征在各代豌豆植物中的遗传，并利用这些观察结果制定了遗传的基本规律。

孟德尔认识到，遗传由负责特定特征的不同基因控制。他还明白，在一个生物体中，每个基因都有两个不同的版本，即一个遗传自母亲，另一个则遗传自父亲。父母把他们各自一半的基因遗传给了子女，这意味着，每个孩子都是一个完全随机的不同基因组合的混合物，因此，即使是同胞兄弟姐妹，他们也各不相同。最后，孟德尔还观察到了某些特征能够遗传或者不遗传的规律，并且意识到，有些基因是显性的，而有些基因则是隐性的。1865年，孟德尔向世界公布他的研究成果，却未能引起科学界的重视。直到他在默默无闻中死去几十年后，人们才终于承认了孟德尔对遗传学的卓越贡献。

> **你知道吗?**
>
> 为了验证自己的遗传理论，格雷戈·孟德尔花了将近10年的时间种植了28000种大豆植物进行研究。

下图　孟德尔（后排右二）创立了基因遗传理论

现代遗传学

如果达尔文及其同代人能在 19 世纪 60 年代注意到孟德尔的发现，那么遗传学领域很可能会提前好多年出现。即便如此，这个重要的转折点还是出现了，只不过是在 20 世纪初。当时，研究人员突然重新发现了孟德尔的研究，并马上行动起来。1902 年，美国遗传学家沃尔特·萨顿和德国生物学家特奥多尔·博韦里分别发现了基因位于染色体上。染色体是他们在细胞核中发现的线状结构，由紧密盘绕的 DNA 组成。根据萨顿和博韦里的理论，染色体是孟德尔理论基因的物理表现，但直到几年后，人们才用实验支持了这些理论。

1910 年，美国遗传学家托马斯·亨特·摩尔根发表了他对果蝇遗传的研究结果，确定了博韦里－萨顿理论的正确性，并论证了染色体对遗传的重要性。一年之前，摩尔根注意到，他的一只雄性果蝇发生了变异，这导致它的眼睛变成了白色，而不是普通的红色。他培育了这种变异果蝇，并观察了隐性白眼特征在后代里出现的方式。摩尔根发现，只有雄性果蝇会遗传白眼基因，这意味着，他发现了伴性遗传，即特定特征只会遗传给一种性别，例如男性型脱发。遗传

下左图　托马斯·亨特·摩尔根发现了遗传特征的性别差异，例如男性型脱发

下右图　阿尔弗雷德·斯特蒂文特创建了第一张基因图谱

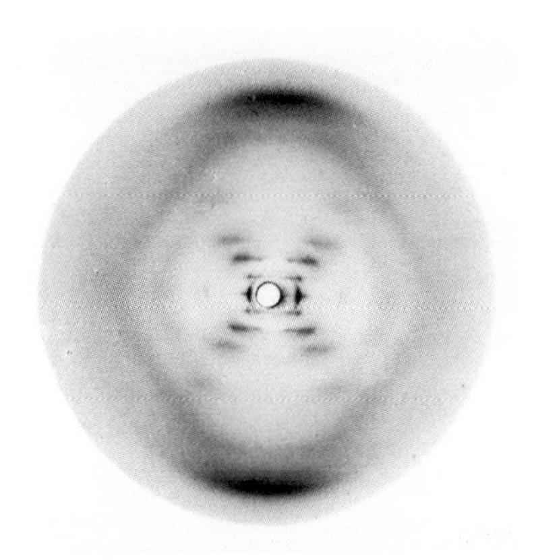

左图　标志性的照片51号。它是第一张DNA X射线衍射图

特征的性别差异是某些基因仅位于X或Y染色体上的结果。女性有两条X染色体，而男性则有一条X和一条Y染色体，因此，位于Y染色体上的基因，如白眼果蝇的基因，只能遗传给男性后代。摩尔根的学生阿尔弗雷德·斯特蒂文特创建了第一张基因图谱，并标出了各个特定基因在果蝇染色体上的位置。20世纪40年代，美国遗传学家芭芭拉·麦克林托克发现，基因在染色体上的位置可以改变，即基因能“跳”到不同的位置上，从而产生更丰富的遗传多样性，有时甚至还导致突变和进化。

在确定了染色体是遗传信息的载体后，人们的注意力开始转向携带着遗传密码的特定分子，即脱氧核糖核酸（DNA）。1952年，英国化学家罗莎琳德·富兰克林及其学生雷蒙德·戈斯林创建了科学史上最重要的图像之一，即照片51号。这张图片提供了关于DNA分子结构的重要线索，次年，美英二人组詹姆斯·沃森和弗朗西斯·克里克确定了DNA的形状，即著名的双螺旋结构。在他们的模型下，两条单独的遗传信息链组成了双螺旋结构，这使DNA可以分离和复制。终于，这个支撑着基因遗传的物理过程，即孟德尔在约一个世纪以前提出的观点，在万众瞩目之下，被揭开了神秘面纱。

>>基因可以多种或者“等位基因”的形式存在。例如，负责眼睛颜色的基因就有多个负责蓝色或者棕色眼睛颜色的“等位基因”。<<

下图　詹姆斯·沃森（左）和弗朗西斯·克里克（右）与双螺旋结构

名人录——罗莎琳德·富兰克林

上图 罗莎琳德·富兰克林的DNA研究有助于基因密码的破解

几十年来，对一般民众来说，罗莎琳德·富兰克林的知名度并不高，但在最近这几年，人们开始了解这位“DNA黑暗女神”所做出的重大贡献。

富兰克林不仅出身富裕、善于交际，而且聪慧过人，具有很强的公共服务精神。富兰克林在伦敦长大，年纪轻轻就深切领会到了知识和研究的价值。1938年，富兰克林被剑桥大学录取，开始主修化学。毕业后，她在煤的物理和化学研究方面取得了根本性的进步。

但富兰克林最具传奇色彩的成就是她的DNA研究。1947年，她搬到了巴黎，开始学习一种被称为X射线晶体学的前沿技术，这种技术被用来研究材料的原子结构。1951年，富兰克林加入了伦敦国王学院，开始研究支撑生命的分子，即DNA。在国王学院，富兰克林行事果断、学识渊博，令同事们（主要为男性）感到不适，这也使她和莫里斯·威尔金斯的合作困难重重。1952年，在富兰克林不知情的情况下，威尔金斯向竞争对手詹姆斯·沃森和弗朗西斯·克里克分享了她的关键研究成果，即照片51号（DNA衍射图）。1953年，沃森和克里克宣布，他们已经解决了DNA的结构问题。这在很大程度上要归功于富兰克林的研究，然而，无论是在当时还是在几年后的诺贝尔奖获奖感言中，他们都未提及她所做出的贡献。在发现DNA后不久，富兰克林就死于卵巢癌，年仅37岁。

如今，罗莎琳德·富兰克林已被公认为20世纪最伟大的科学家之一。此外，她还被视为一个标志性人物，因为她象征着历史上的女性科学家们曾面临过的独有的困难。她曾被谴责，也被抹杀，但无论存在多少与性别有关的障碍，富兰克林仍取得了成功。因此，她是很多人心目中的英雄。

然而，我们需要学习的仍有很多。20世纪60年代末和70年代初，瑞士和美国的微生物学家们在细菌中发现了一种酶，这种酶可以保护细胞免受攻击。如果一个细菌发现它的细胞中有陌生DNA，那么它就会将这个DNA“切”碎。而负责切除这个侵入DNA的就是“限制性内切酶”，它有点像分子剪刀。这种分子剪刀的发现为遗传学家们打开了新世界的大门。这使有史以来第一次切除和拼接不同位置上的DNA片段成为一种可能，而几年后，一个美国科学家团队也确实这么做了。1973年，斯坦利·科恩和赫伯特·博耶进行了首例活体基因移植，这标志着基因工程时代的开始。

在之后的几十年里，基因工程被用于创造各种新药，从合成胰岛素到疫苗。与此同时，经培育的作物和牲畜也都品质良好，如具有抗虫性。21世纪初，随着基因编辑技术（CRISPR）的出现，基因工程进入一个新的时代。这个技术使基因编辑变得更加具体和直接，并且物有所值。

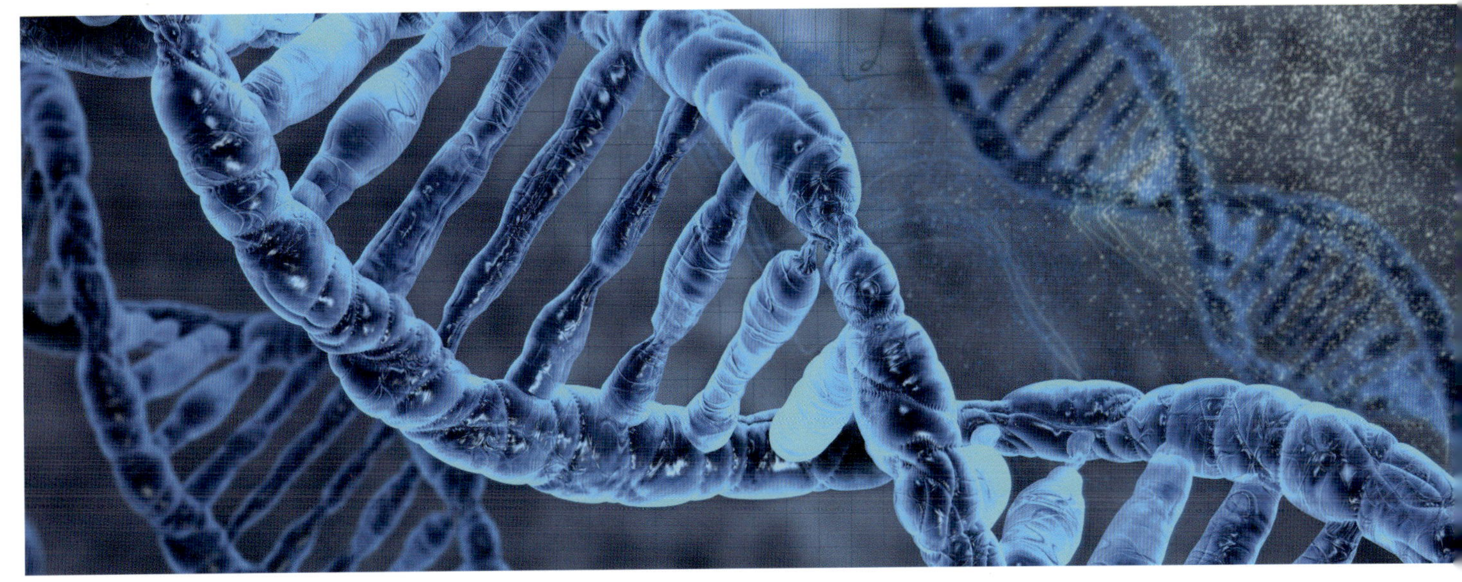

上图　DNA 分子含有所有掌控着生命的遗传信息

从此以后，这些基因编辑工具的进步支撑起了一个相对较新的医学领域（即基因治疗）的发展，这种治疗通过将外源基因注入病患的细胞和组织来治疗疾病。虽然在这个过程中，人们通常使用健康基因来取代异常和缺陷基因，但它也可以用来失活突变基因。1990 年，基因疗法在一个患有遗传性免疫系统缺陷的 4 岁小女孩身上首次试验成功，这使研究人员继续深入探索这门科学。目前，基因疗法研究正在快速发展，虽然这是一个颇具风险的新兴领域，但它前景广阔。

同年，即 1990 年，还有一个重大国际项目启动，旨在对整个人类基因组进行测序。DNA 测序可以帮助我们了解人类基因的运作方式，同时也为生物医学开拓新的研究途径。人类基因组计划完成于 2003 年，它有效地为人类的遗传密码创建了一个模型蓝图，所以现在，我们才能看到整个基因组序列。从此以后，基因组测序的进步使我们成功解码了穴居人和各种动物，甚至是肺癌和恶性黑色素瘤等疾病的基因组。对生物遗传密码的深入理解让我们能够大步迈入一个新时代。在这个时代里，我们可以根据个人的基因组定制药物。

虽然个性化医疗的概念已经以某种形式存在了很多年，但真正的研究开始于 21 世纪的前几十年。更便宜更便捷的 DNA 合成工具支持和驱动了基因组学和病人护理的整合，从诊断到治疗。如果个人化医疗能够得到广泛的应用，那么医生们就能快速识别病人的基因健康风险，并给病人提供最有效的靶向治疗。个性化医疗已经在肿瘤学、产前筛查和药理学等方面取得了巨大进展，然而，在健康护理和遗传学的互相作用方面，我们需要学习的仍有很多。因此，为了使基因组学成为一个综合临床工具，我们还有很长的一段路要走。

相对而言，遗传学仍是一个年轻的领域，但相关研究的发展速度却十分惊人。能力越大，责任也就越大，因此，我们必须严格地监督和管控基因研究，以确保其成果能够被合理使用，这一点至关重要。最后，我们正处于遗传学革命的风口浪尖上，而这场革命可能会给医学和人类健康的新时代带来黎明。毫无疑问，科学家们很快就会释放封印在我们基因里的改革潜能。所以，问题不再是“是否”会有这样的黎明，而是它“什么时候”到来。

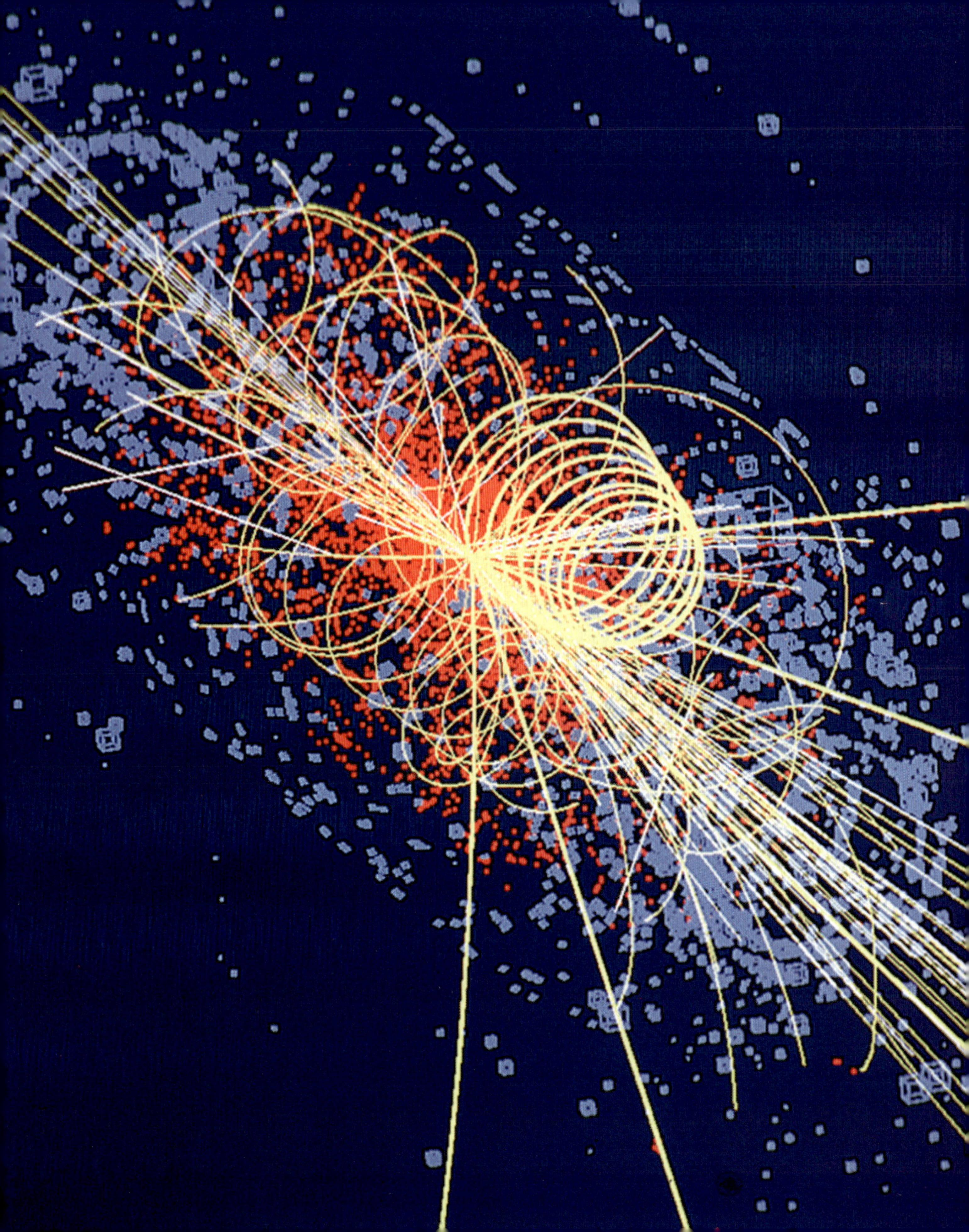

第六部分

科学的未来

在我们研究科学史时，科学家们好像注定都会在最后得到“正确”的结论，如原子模型、DNA 功能和元素的重要性等。如果单从结果来看，我们很可能会把科学误认为是一个稳定发展的过程。而实际上，许多我们认为理所当然的成就都在几个世纪里经历了虚假的开始、错误的转折和各种的争论。当然，科学也绝不是一个既成事件，因为我们还要写就更多的故事，解开更多的奥秘，并找到更多的答案。当未来的科学历史学家回顾 21 世纪时，他们会说些什么呢？在下个世纪里，我们会参与什么样的突破性研究和开创性时刻呢？接下来，让我们一起看看在 21 世纪的科学里，哪些是最具前景、最具挑战性和最具变革潜力的领域吧。我们希望看到哪些领域的进步呢？在不久的未来，我们可能需要解决什么问题呢？当然，展望未来和回顾过去是两码事，因为对我们来说，未来的历史正在书写之中。

左图　希格斯玻色子——发现于 2012 年的一个基本粒子的模拟图像

第十七章　展望未来

科学是未来的钥匙。

——科学讲解员、主持人和机械工程师比尔·奈（生于 1995 年）

能源和环境

科学的未来与地球的未来息息相关，尤其是因为我们正在遭遇环境危机。各行各业的科学家们，从地质学家到计算机科学家，从化学家到流行病学家，都在研究应对环境挑战的创新技术。在这些挑战里，最重要的就是气候变化。

在本书撰写之时，温室气体处于历史最高水平，而联合国政府间气候变化专门委员会（IPCC）也于近期发布警告说，2030 年，全球变暖的影响将可能无法逆转。这会带来灾难性的后果：100 多万种物种将面临灭绝，而极端天气预计将使近 2 亿人流离失所，产生大规模的气候难民。

那么，我们是否应该期待在未来的几十年里，会出现能救我们于水火的重大科学突破呢？答案很简单：没有。单单依靠科学和技术并不能解决气候变化的问题，防止全球变暖的灾难性后果需要立法行动、地缘政治合作和广泛的行为改变。话虽如此，创新在问题的解决过程中确实有着举足轻重的地位。

关键的研究领域包括能减少我们化石燃料依赖的技术，以及能给未来带来希望的风能、太阳能、水电能源和核能等。随着可再生技术变得越来越便宜和高效，这些领域会迎来迭代式进步。而在这个过程中，某些引人注目的发明很可能会被载入史册。

左图　单单依靠科学并不能解决气候变化的问题。气候变化的可怕后果最终需要地缘政治合作，如在工业过程中，以及广泛的行为改变

右图　气候变化可能是当今人类面临的最大挑战

行动中的研究

21 世纪，对具有高适应性和高效率的可再生能源的研究将会成为关键。其中的一个研究领域就是薄膜太阳能电池，这是一种潜在的变革性技术，很可能会在未来几十年内得到发展。你应该见过这种薄膜，在你的计算器上，它就是顶部的那一小条材料，可以吸收太阳能并向显示器供电。早在 20 世纪 80 年代，这种薄膜就已经出现，而 21 世纪初，由钙钛矿制成的新一代薄膜上场了。普通太阳能电池板的效率一般是 15%—22%，这个数字指的是被它们转化成能量的太阳能所占的比例。2006 年，在关于钙钛矿太阳能电池的早期研究中，工程师们报告的效率是约 3%，而 2018 年，经过多年的改进，这个数字已经高于 23%。与传统的太阳能材料不同的是，钙钛矿电池具有溶解性，这意味着它们可以被做成液体，喷在或涂在物体表面上。在未来，我们可能会在房屋和汽车，甚至是衣服的表面看到钙钛矿涂料。

为什么市面上没有这种变革性的太阳能材料可以购买呢？除了在产品的大规模生产中固有的常见挑战，钙钛矿最大的问题是它的稳定性。电池的强度，即它们的溶解性，就是它们的弱点。试验表明，这种材料比传统的太阳能电池板分解得更快，这意味着它们不适合长期的能源供应。所以，未来几年的研究重点将会是如何让钙钛矿电池更加耐用、更加能承受恶劣的气候。这些挑战是可以被克服的，很可能在 21 世纪，太阳能材料的性能和其他创新绿色能源会发生天翻地覆的变化，并带来可再生能源的新方法。

左图　太阳能电池板的光伏（PV）电池正在变得越来越强大

前沿医学

几个世纪以来，我们见证了医学变得越来越复杂，越来越深入，而这种势头很可能会在21世纪保持不变。在过去的100年里，我们也在世界范围内见证了人类健康水平的提高。1920年，英国的平均预期寿命仅为57岁，而一个世纪后，这个数字就已高于80岁。今后，一些国家的平均预期寿命预计会达到90岁。与此同时，疫苗、抗生素和公共卫生措施也极大地改善了医疗状况。20世纪初，呼吸系统疾病和传染病在英国的致死率相当高，而21世纪初，个体因感染而致死的概率已经急剧下降。

这些医学进步都来之不易，都是尖端研究的成果，研究的对象是可想象的最小层面上的生物体的运作方式。在过去的100年，科学家们揭秘了细菌的亚微观防御机制，也解开了DNA谜题，更展示了人体里看不见的分子运作。在很大程度上，多亏了这些发现，我们才能如此健康。我们可以期待在未来的100年里，科学家们继续研究更小更复杂的生物单元，以继续加

下图　公共卫生措施，如这种早期的移动医疗车极大地改变了医疗状况

强我们对各种生命过程，例如健康、疾病和衰老的理解和控制。和 20 世纪一样，这些发现肯定依赖于技术的进步，这样科学家才能够更深入地研究生命的结构和功能。

虽然我们已经取得了巨大的进步，但关于身体的运作，我们不明白的地方还有很多。在 21 世纪，我们期待能揭开伟大的奥秘，给健康护理带来新的创新。

上图　研究人员将继续发现关于健康、疾病和衰老等过程的秘密

行动中的研究

这看起来有点老生常谈，毕竟，早在20世纪60年代，人们就首次对干细胞做出了细致的描述。而干细胞很可能会在未来给健康护理带来变革，有希望支持再生医学，逆转出生缺陷，并为癌症、心脏病、糖尿病和帕金森病等疾病提供新的治疗方法。

干细胞几乎存在于所有的动物体内，包括人类。干细胞分为两种，即胚胎型和成体型。成体型干细胞有助于修复和维持机体。它们更新组织，并分裂产生新的皮肤、血液或骨细胞，这都取决于身体所需要的细胞类型。成体干细胞是专用的，胚胎干细胞却不是，它们可以转化为其他任何一种细胞。这些干细胞可在3—5天的胚胎中形成，而转化为哪种类型的细胞则取决于它们接收到的复杂信号。

这两种干细胞在医学上都具有很好的应用前景，但胚胎干细胞可能用途最大，因为它们能自由转化成任何类型的细胞。科学家们可以利用在试管受精（IVF）过程中丢弃的胚胎来创造干细胞系。在进行试管授精时，科学家们会培育很多胚胎，但被使用的只有少数，所以，剩余的胚胎通常会被捐献给科学事业。科学家们也已经开始发现改变成体干细胞基因的方法，以将其重新编码成胚胎细胞，从而增加它们的医学潜能，这个成果使相关研究人员在2012年获得了诺贝尔奖。虽然这项研究还处在早期阶段，但最近在实验里，在将重新编码的干细胞注入患有心力衰竭疾病的动物体内后，研究人员发现，心脏功能得到了改善。在另外一项最近的研究中，研究人员利用重新编码的干细胞来治疗那些因基因突变而患有镰状细胞贫血的老鼠。

干细胞很有可能会在21世纪给医学带来革命性的影响，我们现在也看到了，这种潜能的实现已经初露端倪。目前，成体干细胞被用于某些医学治疗，如白血病和心脏病等，而重新编码的干细胞则可能会有更大的用途。在未来，科学家们将会努力研究干细胞发展背后的生物化学原理。21世纪末，即使不太可能，干细胞技术仍有望成为一种强大并且被广泛应用的临床工具，给健康护理带来革命性的改变。

下图　干细胞有很好的医学应用前景

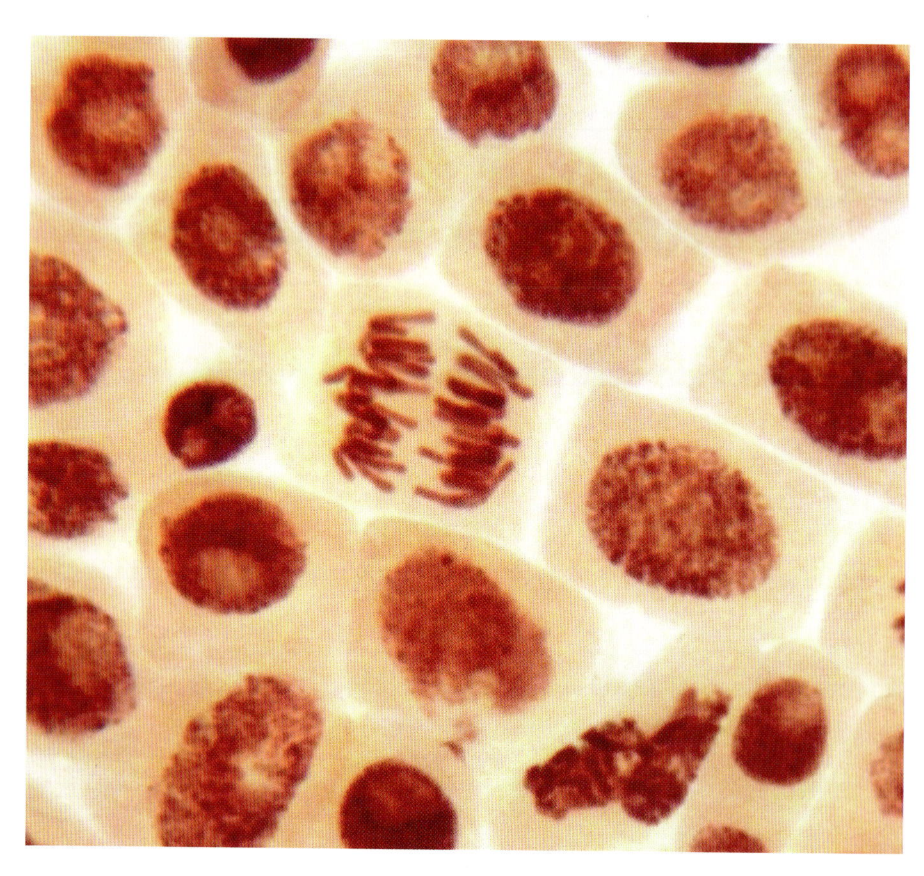

下一代技术

20 世纪，新技术改变了人们的日常生活，并对现代社会产生了不可逆转的影响。20 世纪初的普通人应该会对 21 世纪的我们已经习以为常的技术感到震惊。从互联网到电信，从便捷设备到家庭用品，技术以一种 100 年前无法预料的方式深入到我们生活的方方面面。

提到颠覆性技术，我们期待在下个 100 年出现怎样的技术呢？很可能的是，我们会看到的发展趋势是更高程度的自动化。目前由人类主导的过程，如控制车辆和制造复杂产品，甚至是写作等，可能会在 21 世纪末被机器接管。社会则需要适应这些变化，如对工人进行再培训，或者有意识地调整工作的概念，以增加休闲的时间。早在 20 世纪 30 年代，英国经济学家约翰·梅纳德·凯恩斯就曾预测，技术进步将导致大多数人每周只需工作 15 小时。我们还没看到这种转变的发生，而如果有什么不同的话，那也是人们的工作时间比以往更长了。但技术的发展前景是，它能让我们的生活更加便利轻松，同时也会给社会和经济带来变革。也许，我们能在 21 世纪末实现凯恩斯的预言。时间会证明一切。但可以肯定的是，数字革命很可能会持续数年，而且，随着我们对材料、工程和工艺等掌握程度的提高，不可避免的是，技术会彻底融入我们的生活。

上图　加利福尼亚的旧金山是科技产业的中心

行动中的研究

人工智能（AI）是21世纪最激动人心也最具变革潜力的技术之一，可追溯至许多年前。在人工智能成为现实前，英国计算机科学家艾伦·图灵创立了一个原则来评估机器是否智能。图灵提出，人应该能够和机器对话，同时还觉察不出自己是在和电脑对话。虽然当时已经有好几版人工智能接近了这个程度，但还是没有一个电脑能通过图灵的测试。

从实践上说，自20世纪50年代以来，人工智能就一直是计算机研究中的一个领域，但是在近几年才迅速发展起来。事实上，人工智能已经融入了我们的日常生活，从脸书的人脸识别到网飞的智能推荐。然而，要想在智能机器的变革潜能方面实现大跃进，我们还有很长的一段路要走。

特斯拉和谷歌等公司现在都在试验将人工智能应用于自动驾驶汽车。虽然需要解决的问题还有很多，但可以想象得到，也许在21世纪末，人工智能会成为公路用车的标配。当然，人工智能的潜能绝不只限于汽车行业。

左图　图灵创立了"图灵测试"来评估机器是否智能

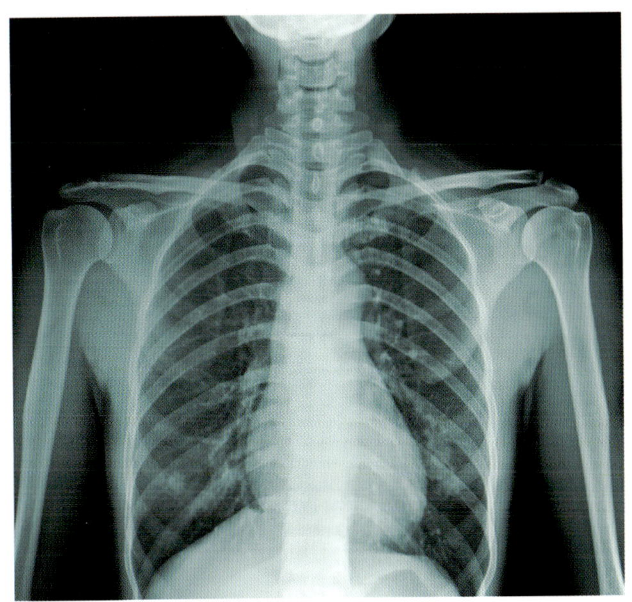

左图　人工智能已经被用来从放射图像中识别结核病

现在，研究人员正在寻找如何将人工智能应用于医疗领域，特别是诊断方面。我们已经看到了一些发展的迹象，例如，人工智能已经被用于一些医疗设置，以从放射图像中识别结核病，而且研究人员最近发现，这种技术在诊断皮肤病变上比人类皮肤科医生表现得更好。

人工智能的进步引起了许多有趣的社会、法律甚至道德问题。所以，重要的是，在研发这项技术的时候，我们也要肩负起我们的责任。话虽如此，人工智能潜力巨大，而研究界的跃跃欲试也是显而易见的事情。21 世纪末，我们也许会看到人工智能被应用于从娱乐行业到基础科学研究的各种领域。

下图　自动驾驶汽车。它可以在没有人类司机的情况下，通过人工智能在公共道路上行驶

左图 运载着"机遇号"探测车的火箭从卡纳维拉尔角空军基地发射

探索宇宙

20 世纪，人类的探索范围急剧扩大。20 世纪早期的人们很难想象到在短短的几十年里，人类就可以成功从地球去往太空。一系列的因素，如政治、科学和利益驱动等，造就了人类探索的新时代。

虽然如此，太空旅行还远未成为司空见惯的事情。21 世纪初，能冲出地球轨道的只有不到 30 人。即使是现在，距离苏联首次把人类送上太空已经过去了半个多世纪，人类进入宇宙的冒险之旅仍然危险重重，更别说宇宙飞行背后的天价成本了。

尽管太空探索十分具有挑战性，但 21 世纪的科技已经给人类的雄心壮志提供了支持。机器人技术的进步无疑还会是 21 世纪太空探索的重心。“好奇号”和“机遇号”探测车的成功证明了太空机器人的潜能，它们以一种空前的方式，帮助科学家收集了关于火星表面的信息。当我们想要探索更加极端的环境和更远的宇宙空间时，这些机器人宇航员的重要性就会更加突出。

目前，太空科学最具争议的话题之一是“地球化”的概念。地球化是指从物理上改变另一个星球的生存条件，使其适合人类居住。虽然在未来的 100 年内，我们都不太可能看到人类地球化太阳系的其他星球，但 21 世纪末，我们可能会在火星上设立一块居住地。当然，那些幻想着“到此一游”的人肯定也会促进太空旅游业的发展。研究太空旅行的私营公司的激增表明，在未来，这可能会成为一项越来越受欢迎且有利可图的业务。因此，虽然 2100 年，太空肯定还是人类的最终边境，但那时，我们的太阳系也许就不再那么神秘了。

行动中的研究

人类的早期太空探索以月球为主，而现代的航天工业则把目光坚定地投向了火星。人类从未踏足过这颗红色星球，我们甚至从未接近过它。事实上，从 20 世纪 60 年代的首次尝试以来，人类的每三次尝试中就有两次是失败的。为什么呢？首先，火星非常遥远，准确来说，大概距离我们 1.4 亿英里，比距月球还要远上 200 倍。其次，那里非常寒冷，气压又高，还经常有沙尘暴。我们甚至从未成功带回过火星的样本以在地球上进行研究，这就是探索这颗红色星球的困难程度。

话虽如此，技术的进步一直在拓展着知识的边界，很可能 21 世纪会见证火星探索的重大进展。2018 年，美国宇航局（NASA）发射了一枚新的开创性探测器，它的任务是探索火星表面下的世界。这颗名为"洞察号"的探测器已经帮助我们研究了这颗红色星球火星上的地震事件，即"火星震"。在未来几年里，类似的任务将会至关重要，它可以帮助我们分析谜团，即这个距离我们最近的行星邻居。

尽管人们对把火星改造成人类栖息地这件事兴奋异常，但实现星际殖民之路仍漫漫无期。话虽如此，我们现在从这颗红色星球获得的知识很可能会影响 21 世纪的载人火星任务。总有一天，我们完全有可能在这颗星球上建立一个外星基地。我们有可能在 21 世纪见证这些发展吗？现在就下论断还为时过早。

下图　近年来，人类已经发射了好几辆探测车至这颗红色星球的表面

结 语

最后，关于科学的未来，我们说得再多，也都只是猜想而已。没有人能够真正知道，22 世纪的历史学家会怎样评论我们这个科学史上的一个时刻。就像 20 世纪初的思想家们不可能预测到互联网的奇迹一样，我们也很难想象在未来，科技会如何塑造我们的日常生活。

但我们知道的是，突破性发现和范式转移的路途并不是一马平川，因为在科学领域，任何事情都不会一帆风顺。这一路上会有弯路，也会有失策，更会有迷茫和争议，甚至还会有倒退，也可能会有根本性清算和科学革命。因为科学就是这样，也因为人类就是这样。

我们这些好奇的人类（即智人）并不是简单的生物。我们的惊人发现也并不是进步的凯旋进行曲。事实上，我们现在拥有的很多知识都曾被排斥、压制、忽视，甚至丢失。我们所有的人，甚至是那些所谓最伟大的科学家们，都必然会受到政治、社会压力和情感冲突等的影响。因此，科学的故事并不是一个关于冷酷无情的事实的故事，而是一个非常人性化的故事，即一个混乱、芜杂并且充满挑战的故事。在这个故事里，有这么一群人，由于共同的好奇心、天生的远航精神和本能的追求而聚集在一起，以了解他们存在的本质。

这就是我们的故事。愿它永无止境。

右图　我们的地球（即蓝色星球）是上演整个人类科学史的舞台

左图　火星表面的照片，拍摄于“探路者”计划期间

索　引（按汉语拼音字母顺序排序）

科学人物

补充书目

1.Kat Arney, *Herding Hemingway's Cats: Understanding How Our Genes Work*, Bloomsbury, London,2017.

2.Bill Bryson, *A Short History of Nearly Everything*, Black Swan, London,2004.

3.William Bynum, *A Little History of Science*, Yale University Press, London,2013.

4.John Gribbin & Mary Gribbin, *Science: A History in 100 Experiments*, William Collins, London, 2016.

5.Stephen Hawking, *A Brief History of Time:From The Big Bang to Black Holes*, Bantam Press, London, 2011.

6.Mark Henderson, *The Geek Manifesto: Why Science Matters*, Bantam Press, London, 2012.

7.Rachel Ignotofsky, *Women in Science:50 Fearless Pioneers Who Changed the World*, Wren & Rook, 2017.

8.Aloc Jha, *How to Live Forever:and 34 Other Really Useful Uses of Science*, Quercus, London, 2012.

9.Looi Mun-Keat, Hayley Birch & Colin Stuart, *The Big Questions in Science*, Andre Deutsch, London, 2015.

10.Looi Mun-Keat, Hayley Birch & Colin Stuart, *The Geek Guide to Life: Science's Solutions to Life's Little Problems*, Andre Deutsch, London, 2017.

11.Adam Rutherford, *The Book of Humans: The Story of How We Became Us*, W & N, London, 2018.

12.Carl Sagan, *Cosmos*: *The Story of Cosmic Evolution, Science and Civilisation*, Abacus, London, 1983.

13.Zing Tsjeng, *Forgotten Women: The Scientists*, Cassell, London, 2018.

14.Ed Yong, *I Contain Multitudes: The Microbes Within Us and a Grander View of Life*, Vintage, London, 2017.

15.Carl Zimmer, *Evolution: The Triumph of an Idea from Darwin to DNA*, Arrow, London, 2003.

图片出处说明

t= 上、b= 底、r= 右、l= 左、m= 中

AKG Images：54t、63、65

Alamy：11、14、16、20、23、38、39、43b、45t、49、85、94–95、99、115、116l、126、127、132、134、135、139、141、149t、159、161t、174、178、188tr、192、202、207t、209b、215、218、232l

America Daily: 148

archive. org：150

bombe.org.uk: 216

Bridgeman Art Library: 13、15、25、32、51

British Museum: 66、228

CERN：236

Dresden State Art Collection: 37

El Camino Hospital, Mountain View, California: 35

Getty Images: 151b、195b、238

Lovell Johns: 82

King's College, London: 233t

Vittorio Luzzati: 234

Marine Biological Laboratory: 232r

Metropolitan Museum of Art, New York: 40、96–97、147

Museo del Prado, Madrid: 200–201

NASA Images：112–113、122–123、182、197、248、250、251

National Library of Medicine: 151t

National Museum of Archaeology, Athens: 212

National Museum of Science in Islam, Lstanbul: 213

National Science Foundation: 180（Gerald Barber, Virginia Tech）

Science Photo Library: 21、194、233b

Shutterstock：2、12b、17、18、31、42、45b、55、70、71、73、79、88、106、107、109、116–117、120–121、137、142–143、144–145、146、153、155、157、164、167、175、181、185、193、199、209t、211、219、224–225、235、239、240–241、243、244、245、247t、247b

Superstock: 203

Techtimes: 179

Unsplash: 125（Photo by Hal Gatewood）、221（Photo by Slejven Djurakovic）

Vassar College Library, Poughkeepsie, New York: 217

Wellcome Collection: 28、34、44、67l、67r、68、87r、93、102–103、104l、104r、119、128、133、136、156、158、168–169、170、171、173、189、190、204、205t、207b、214、229、230br、231、242

Wikimedia Commons: 8、12t、24、26、27、29、30、33、41、43t、46–47、50、52、53、54b、56–57、57r、58–59、60–61、62l、62r、69、72、74–75、77、78、80、81、83、84、86、87l、89、90、98、100、101、110、111、114、118、127r、129、131、149b、152、160、161b、172、176–177、186、187、205b、206、220、222–223、227、230tl、249

David Woodroffe：105、162、163、165

Yale University, New Haven, Connecticut: 208

我们已尽一切努力联系了所有的版权所有者。如有任何疏漏和错误，敬请通知出版商予以修改。